典藏食家

朱振藩

目錄

〔推薦序〕美食當道，縱橫千古／李台山 007
〔自序〕為食家們繼絕學 011

輯一 品味

千載饕客數東坡 018
陸游食詩千古傳 029
山家珍饌在清供 038

張岱口福過半生 050
全面品享李笠翁 060
隨園食色甲天下 071
醒園才子常珍味 083
梨園中的知味人 094
畫壇宗師兼食藝 106
帝王中的美食家 118
西太后食福無限 157

輯二 廚藝

四大廚神之傳奇 180
絕妙廚師領風騷 191

歷代廚娘精肴饌 202
玉手纖纖主中饋 214
江太史食林稱尊 227
食界無口不誇譚 238
譚延闓及譚廚們 249
御廚巧烹姑姑筵 060
近現代名廚大觀 271

推薦序

美食當道，縱橫千古

李台山

朱振藩老師又出書了，這是兩岸中國美食追求者的一大喜訊，不僅美食家，凡喜愛中國文化的中外文人雅士、饕客、學者專家，都是好消息。因為這本《典藏食家》，具有豐富精采的內容，和不同以往的特色。

能為典藏，必屬精華，在書中朱老師不吝將其飽讀詩書、學富五車、滿腹經綸的知識大寶庫，運用高超絕妙的筆調，不慍不火，如數家珍般一一道來，細細品味，讓人不知不覺間，沉醉在數千年遼闊的經典美食大千世界裡。

舉凡中國歷代，叱吒風雲的帝王將相，在位極權傾之時，其豪門飲宴、歌舞昇平，享用奢華所展現的飲食風采、排場，蔚為大觀。幕後御用名廚，各具獨到烹飪技巧功夫，一道道美食佳餚，在宮廷中一代代傳承下來，令人嘆為觀止。

說到中國帝王飲食故事，自三代起，便有「因其好滋味」受帝堯賞識的彭鏗（後人因其長壽而稱之為彭祖），被封於大彭為官，其後的伊尹以其完美的廚藝，獲商湯拜為宰相，是烹而優則仕的美食史佳話。而春秋時期的辨味高手易牙，更使出渾身解數，「煎熬燔炙，和調五味而進之」，讓一匡天下的五霸之首齊恒公，「食之而飽，至旦不覺」，齊桓公在滿足口腹之餘後的晚年，也想易牙出掌政權，成為繼伊尹之後的庖廚宰相，雖因管仲反對而作罷，但管仲死後，易牙仍受齊桓公繼續寵信，遂得以專權，造成齊國動盪不安。由此可知，美食如美女，誘惑力之大，足以傾國傾城。

古今中外的官場上，隨著機緣沉沉浮浮，乃是稀鬆平常之事，官運亨通時，無往不利，享受榮華富貴，嘗盡人間美食。若是霉運當頭，則可能在一夕之間淪為階下囚，甚或性命不保，其心境必是食不知味，長夜難眠，處在生不如死的痛苦之中；但獨有例外，能在困境中自娛，灑脫自在的千古代表人物就是，一生自命不凡，文采風流的蘇東坡先生。

話說蘇軾，因「烏臺詩案」被李定誣陷入獄，死裡逃生後，被貶謫黃州，任團練副使，黃州有好食材，東坡先生因此開發出膾炙人口，老少咸宜的東坡肉，東坡魚等名菜而名傳千古。歷史的成就往往會是來自一些偶然的意外，不論是幸或不幸都是成就的因緣。在朱老師筆下，為美食越戰越勇的蘇東坡，是一位不折不扣的千載饕客，其來有自，他認為東坡先生不僅懂吃、能吃，又是烹調高手，以他敏銳的思維，化腐朽為神奇，常以當地最平凡普遍的食材，創出叫人驚豔的獨特美食佳肴。他被從黃州、惠州一路貶到不毛之地的儋州（海南島），無肉可食，只能吃熏鼠或癩蛤蟆，其境之慘，難以想像。但他猶不改其樂，與隨侍在側的三子蘇過「忽出新意」，又發明了以山芋（山藥）為主料的「玉糝羹」，並以詩讚之，竟把被隋煬帝名為「東南佳味」的「金齏玉膾」比下去，真是千古傳奇。蘇東坡的一生縱其才氣，信手拈來皆成文章，新意巧思便是佳肴，朱老師欣賞他的多才和詼諧風趣的性格，字裡行間流露出對這位詩文美食大師的一份崇敬和憐惜。

在《典藏食家》裡，所典藏分享給讀者，不只介紹中國歷代最傑出的烹飪高手廚藝之精美，以及最懂美食品味大食家們的掌故事蹟，讓人有臨場饗宴之感外，還帶給讀者很重要的「正確美食觀」。一道好菜之所以能流傳千古，必須具有正確的美食道德，從取材說起，對生命就要有基本的尊重和理解，善於迎逢的易牙，因「蒸其首子而獻之公」，為管仲所不恥，故堅決反對其出任宰相，清朝順治年間寫成《閑情偶寄》堪稱中國有關品味第一寶典的李漁，就極力反對以不仁道的手法處理食材，像有人告訴他食鵝之法：「是將熱油倒在活鵝腳上，再縱入池中，一再跳躍後再淋之熱油反復數次之後，切下鵝掌為菜。」李漁聽罷便說：「真慘啊！我不想聽！食之前施以慘刑，以生物多時的苦痛，只為換我片刻甘甜，何其殘忍，我想地獄正為此人而設」，充滿人道的關懷，這是美食的道德觀。

世間美食為天下人同好，千里逐食，聞香下馬，是千古不變的普世價值。朱老師把中國歷代最傑出的名廚高手，與通曉食道的大美食家們，羅列書中，讓我們觀其出神入化的刀火之功，而讚不絕口。他又以詼諧輕鬆又浪漫的詩詞、對聯或俗諺，穿插其間，作為評介、賞析，更襯托出這些典藏美食佳餚的獨特風味，也見識到數千年來這群美食追逐者的心態和執著的形象，令人拍案叫絕。為此，我們向歷代美食家的先聖先賢致敬，向作者朱老師喝采，更要為《典藏食家》的讀者，表示慶幸和祝福，是為序。

（本文作者為金門同鄉會理事長、第一聯合事業機構董事長）

序

爲食家們繼絕學

儘管大家都知道「民以食為天」，也羨慕有口福的人，但食家的地位，自古以來，卻不為世人所重。一方面固然是以往真正懂吃的人，屈指可數，有些人且抱著「飽得自家君莫管」的心態，不喜歡到處張揚；另一方面則是當下自稱「美食家」的人滿街走，好些舌不辨五味、講不出道理的人士，居然主持美食節目，講得口沫橫飛，儼然以行家自居，竟敢對食物及佳肴品頭論足，說東道西，實在讓知味識味之士，無不搖頭歎息，哀「食」風之沉淪。有鑒於此，我便不揣固陋，為古往今來中國的一些大食家們立傳，盼往賢的典型，能正當下「歪」風，使其復歸於正。

早在二十餘年前，我開飲食專欄之初，便有心為這些真正的吃家及大廚師們寫些飲食生平和割烹之道。其時，我讀的前人筆記稗史甚多，但觸及這方面的，卻十分有限。於是勤加蒐集資料，並下功夫研讀，稱得上略有小成。終在寫完第二十個專欄後，得以動手撰寫，歷經兩年多的筆耕，幸能結集付梓，總算了樁心願，縱不冀望能撥亂反正，倒也為飲食文化闢一新局，並為食林譜下一頁傳奇。

說來也是機緣湊巧，在一次新聞局為作家及編輯所舉辦的蘭陽之旅中，結識時任《聯合文學》月刊副總編輯的周昭翡小姐，相談甚歡，且話題不外乎飲食。不意數個月後，她徵得主管的同意，找我開個飲食專輯。我們在「香港品源美食」邊啖美饌邊討論，遂開了「食家列傳」這個專欄，心願得以實現，自然全力以赴，從川菜一代大廚黃敬臨寫起，止於「亙古男兒一放翁」的陸游，前後計二十五篇，而為了增加其可讀性，另撰寫從未披露的絕代散文家張岱乙篇，計十二萬餘言。惟礙於篇幅，近現代的一些名家，如楊度、張通之、唐魯孫、梁實秋、高陽（許晏駢）、特級校對（陳夢因）、李劼人、汪曾祺、周作人等，以書籍俱在，且容易翻檢，暫不多著墨，留下回再寫，續此一奇緣。

飲食之道，必因每個人的資質、素養、體質、情境等，而大異其趣，而且懂得陽春白雪的上焉者，每與只會下里巴人的下焉者，既難調和，也不搭調，意見相左，此乃常態，不足為怪。更何況即使是同臻一流高手的，亦會出現別解，像是曾任江蘇巡撫及兩江總督，宦遊大江南北，參與無數宴會，精研各式美味，而且自號「老饕」的梁章鉅，便勇於挑戰權威，著文駁斥《隨園食單》，就是個最明顯的例子。

話說《隨園食單》的作者，乃清代大才子及大食家的袁枚，他築「隨園」於金陵的小倉山麓，人稱「隨園先生」。此食單體大思精，堪稱古今中外食經中的偉構。書內詳述三百四十二種菜肴、飯點、茶酒的製作方法，縱然大多數乃江浙兩地的傳統風味，亦提到京、魯、粵、皖等地方菜，同時還包括宮廷菜及一些官府菜，竟漏列黃河鯉魚，梁老饕不甚滿意，指出：「黃河鯉魚，足以壓倒鱗類，然非親到黃河邊，活烹而啖之，不知其果美也。余以擢桂撫（廣西巡撫），入覲京師，至潼關，即欲渡河，城中同官皆出迎，爭留作晨餐。余曰：『今日出行，甫行二十里，不需早食，擬再行二十里，方及前驛午餐為宜。』費鶴江觀察曰：『緣此間河鯉最佳，為他處所不及，且烹製亦最得法，不可虛過耳。』余乃從所請，入候館，食之果佳，當為生平口福第一，至今不忘。」

梁章鉅接著又謂：「吾鄉惟鰣魚可與之敵，而嫌其多刺，故當遜一籌也。京師酒館中，『醋溜活鯉』亦極佳，然滋味尚不及潼關，殆以距黃河稍遠耳。《隨園食單》中獨遺此味，實不可解。潼關固隨園行滕所未到，而京中之活鯉，豈不足繫其懷乎？」言下之意，不勝唏噓！

此外，他老兄對魚翅和燕窩的看法，與袁枚皆大相逕庭。關於前者，他撰文云：「惟《隨園》謂『魚翅須用雞湯攙和，蘿蔔絲飄浮碗面，使食者不能辨其為蘿蔔絲、為魚翅。』此似欺人之語，不必從也。《隨園》又謂『某家製魚翅，單用下刺，不用上半厚根』，則亦是數十年前舊話。近日淮揚富家觴客，無不用根者，謂之肉翅。揚州人最擅長此品，真有沉浸濃郁之概，可謂天下無雙，似當日『隨園』無此口福也。」至於後者，他則指摘其誤，指出：「……《隨園食單》又云：『燕窩貴物，原不輕用，如用之，每碗必需二兩。』蓋京師酒席之燕窩，大碗亦不過一兩，全桌人共享，普通碗斷無用二兩燕窩之理。」

持平而論，袁枚寫的魚翅，乃今日粵人煮翅之法，以翅針碩長為貴；而梁章鉅所著墨的，乃當下江浙菜燒翅之法，此二者均有妙品，本不可一概而論。

不過，何物為天下至味，梁章鉅對袁枚的見解，倒是挺認同的。撰文寫道：「《隨園食單》謂尹文端公品味，以鹿尾為第一，此固不待尹公而始知之也，特南方人未嘗此味者，直不知耳。余入值樞禁（指供職軍機處），每空閒，輒得飽啖。外宦後，由清江浦及山左，吳門亦皆得朵頤，時清河夫人皆隨任，並親手奏刀而薄切之，不煩廚子也。余嘗有句云：『寒夜何人還細切，春明此味最難忘。』自歸田以後，徒勞夢想而已。」

又，袁枚認為鹿尾「最佳處，在尾上一道漿耳」，我這個饞人，雖有幸飽嘗各式各樣的山珍海味，惜未品過鹿尾，無法領略此漿之妙。然曾數度嘗過「三分俗氣」老闆娘親製，且只送不賣的禁臠粽，此粽剛出爐時，肉化一股甘鮮清流，先在口中環繞，接著順喉而下，似與鹿尾之漿，差堪比擬。

末了，不禁對這些歷代首屈一指的大食家及大廚師們，致上最崇高的敬意，有了他們的努力和付出，後人才能窺見飲食之道的博大精深，進而為萬世奠丕基，永垂不朽是為序。

輯一

品味

千載饕客數東坡

話說一日食罷，東坡捫腹而行，看著侍兒們說：「妳們且道這裡面有什麼東西？」一女婢馬上說：「都是文章。」東坡不以為然。另一婢接著答：「滿腹都是識見。」還是不置可否。輪到妾侍朝雲時，她回道：「學士一肚子不合時宜。」東坡捧腹大笑，以為深得我心。其實，「老來事業轉荒唐」的蘇軾，曾「自笑平生為口忙」，率真而具體地流露出他對食物的追求與執著，不愧是個超級大老饕。

蘇軾（一〇三七至一一〇一年），字子瞻，四川眉山人，為中國歷史上有名的文學家、書法家、美食家。博覽群籍，才華橫溢，不僅與弟蘇轍同登進士第，而且與父蘇洵、弟蘇轍並列「唐宋古文八大家」之中。當他們兩兄弟策試制科、並入高等時，宋仁宗趙禎高興地說：「朕今日得二文士，即軾與轍，然朕老矣，將留給子孫用。」然而，此「父子隱然名動京師，而蘇氏文章遂擅天下」的仕宦生涯，皆不得意，蘇軾更慘，三度被貶，甚至遠竄蠻荒。蘇軾仕途不得意，肇因於宋神宗元豐二年（一〇七九年）七月的「烏臺詩案」。在此之前，由於王安石行新法，蘇軾上書論其不適，自請出外，通判杭州，再徙湖州。他在湖州時，曾作詩暗諷李定不孝，加上李定之子過境，向他求墨寶，亦遭其奚落。李定遂以為蘇軾有意羞辱自己，一直懷恨在心。等到李定出任御史中丞，便借蘇軾部分的詩句中，有譏訕朝政之意，便將他逮入御史臺獄，想置其於死地，此即當時赫赫有名的「烏臺詩案」。

蘇軾入獄，只有長子蘇邁相隨。蘇軾知李定絕不會放過他，為免不測，乃命蘇邁多方打聽消息。相約如無變故，每日送的菜為肉；一旦發生大禍，當天送的菜為魚。

過了一段時日，蘇邁攜糧已罄，便去陳留設法，請一親戚代送飯菜，忘記告其約定之言。那親戚見每天送的都是肉，怕蘇軾會吃膩，正巧家裡有剛做好的魚鮓，就送去給他換換口味。蘇軾一見魚鮓，心中驚駭莫名，想到將死獄中，無法見弟一面，不禁悲從中來，奮筆撰詩二首，並請獄卒轉交，詩意悽愴悲涼。獄卒不敢藏匿，交付臺吏，吏轉中丞，中丞再報神宗。神宗覽畢，說：「蘇軾真詩魔也，將死猶作詩耶？」此蘇軾將死之言既出，士大夫驚疑不安，朝野議論紛紛。後經太皇太后求情及章惇釋疑，將蘇軾貶謫黃州。食魚鮓而有此意想不到的結果，堪稱蘇學士的食林奇聞。也只好帶著「黜置方州，以勵風俗；

往服寬典，勿忘自新」的責詞，出任黃州團練副使。

在黃州的這五年中，蘇軾於「馳騁翰墨，其文一變」之餘，也開始滿足「口體之欲」。躬耕東坡，築室「雪堂」，自號東坡居士後，更是如此。

當時黃州的好食材有三，一為「價賤如糞土」的好豬肉；二為「長江繞郭知魚美」；三為「好竹連山覺筍香」。於是這位嗜肉又精於烹飪的居士，便以此開發了名傳千古的「東坡肉」及「東坡魚」這兩道美味，並因為本身好吃，也留下了「東坡羹」、「薺糝」、「東坡餅」、「蜜酒」等食方及掌故，大大地豐富了中國飲食史的內容，遺愛至今猶存。

「東坡性喜嗜豬」。然而，唐人孟詵在《食療本草》一書內，記載著：豬肉「久食殺藥，動風發疾」，以致人們不怎麼愛吃豬肉，蘇軾不以為意，照樣大啖不誤。觀諸《聞見後錄》上寫道：「經筵官會食資善堂，東坡稱豬肉之美。范淳甫曰：『奈發風何？』東坡笑呼曰：『淳甫誣告豬肉。』」即可見其一斑了。另，《竹坡詩話》亦云：「東坡喜食燒豬。佛印住金山時，每燒豬以待其來。一日為人竊食，東坡戲作小詩云：『遠公沽酒飲陶潛，佛印燒豬待子瞻。採得百花成蜜後，不知辛苦為誰甜。』」有人即據此認為蘇軾燒豬肉之法，學自佛印和尚，但乏具體佐證。

而這「富者不肯吃，貧者不解煮」的「黃州好豬肉」，一到了蘇軾手中，便化腐朽為神奇。其煮法為：「慢著火，淨洗鐺，少著水，柴頭罨煙焰不起。待它自熟莫催它，火候足時它自美。」那大老饕又怎麼享受呢？居然是在「夜飲東坡醒復醉」後，「每日起來打兩碗，飽得自家君莫管」。哇！一早就吃兩大碗紅燒肉，如非肚量奇大，又怎能夠似此大快朵頤。我因而認定蘇東坡非但「一肚子不合時宜」，而且多的是油墨（即油水加墨水），難怪大肚能容，身材圓肥，體態已無太大的成長空間。

而今以東坡肉著稱的杭州，一向就認為他們的燒法才是正統的。據當地故老傳說，蘇軾官杭州太守時，為了疏濬西湖裡的淤泥，於是徵召吏民、河工掘泥築堤，此即當今西湖美景之一的「蘇公堤」。在老百姓們的賣力趕工下，相對耗損不少的體力，為了彌補體力的流失，加速築堤的速度，蘇太守便把老百姓擔來的肉和酒，注入大鍋內，煮成香噴噴的紅燒肉給他們吃，效果出奇地好，百姓感其德澤，保留此一燒法，號稱是「東坡肉」。

另，東坡肉的原創地（今鄂東地區）所燒的東坡肉，確為別出心裁的珍饈。他們在製作此菜時，必添冬（東）筍、菠（坡）菜這兩種食材，妙在寓意深長。

有人認為東坡肉的原製內，必有竹筍一味，原來在「東坡雪堂」外，多的是筍。加上他的〈於潛僧綠筠軒詩〉云：「可使食無肉，不可居無竹。無肉令人瘦，無竹令人俗。人瘦尚可肥，士俗不可醫。旁人笑此言，似高還似癡，若對此君（指竹筍）仍大嚼，世間哪有揚州鶴？若要不俗且不瘦，餐餐筍煮肉。」相傳汴梁（北宋都城）人原不食鮮筍，自此另類吃法。

詩傳至汴梁後，當地人便把筍與肉切塊，加鹽入大碗上清蒸，仍名「東坡肉」，此應為其

「東坡魚」是「子瞻在黃州好自煮魚」的傑作，自稱：「客未嘗不稱善」。其作法為：「以鮮鯽魚或鯉魚治斫，冷下水，入鹽如常法。以菘菜心芼之（即用揀好的黃芽白），仍入渾蔥白數莖，不得攪。半熟，入生薑、蘿蔔汁及酒各少許，三物相等，均勻乃下。臨熟，入桔皮絲。」蘇軾後來擔任錢塘太守時，有次與老友仲天貺、王元直、秦少游等相聚，他不禁技癢，「復作此味」。結果，三人都說：「此羹超然有高韻，非凡俗庖人所能彷彿。」東坡甚為得意，還捧他們一下，說：「其珍食者自知，不盡談也。」禪趣十足，挺有意思。

而愛食魚、肉的東坡，亦喜食菜蔬，曾撰〈菜羹賦〉，指出：「屏醯（即醋）、醬之厚味，卻椒、桂之芳辛。」務必要「有自然之味，蓋易具而可長享」。所以，此「不用魚肉五味，有自然之甘」的「東坡羹」，誠「寒庖有珍烹」，「尚含曉露清」，實乃「嗜羶腥」的「貴公子」們無法領略及體會的。

另，「雖不甘於五味，而有味外之美」的薺菜，製成糝後，其味「陸海八珍，皆可鄙厭」，由此即可見它的「芳甘妙絕倫」。其作法乃：「取薺一、二升許，淨擇，入淘了米三合，冷水三升，生薑不去皮，捶兩指大，同入釜中，澆生油蜆殼，當於羹面上（即澆一

蜆殼的生油在羹的表面上），不得觸，觸則生油氣不可食，不得入鹽醋。」觀乎此，實已將號稱「草中之美品」的薺菜，發揮到淋漓盡致。

此外，東坡亦愛吃燒餅，據《清暑筆談》的說法，東坡有次和蘇轍兩人，在黃岡的路邊吃燒餅，餅甚酥脆，東坡連吃幾個，還回頭對老弟說：「這合你胃口嗎？」還有一次，蘇軾泛舟南渡，遊覽西山古剎，寺僧以菩薩泉之水和麵，做餅招待。東坡食罷，喜道：「以後我再來，仍用此餅給我品嘗。」

又，東坡居黃州期間，一日，「有何秀才饋送油果，問：『何名？』何曰：『無名。』問：『為甚酥？』何笑曰：『即名為甚酥可也。』」還有一次，潘大臨送酒來，東坡覺其味薄，「笑謂潘曰：『此酒錯著水也。』」過了一些時日，油果食盡，酒尚有餘，乃戲作詩一首，詩云：「野飲花間無百物，杖頭唯掛一葫蘆。已傾潘子錯著水，更覓君家為甚酥。」從此亦可見蘇軾詼諧風趣的一面，足使人為之傾倒。另，西山之餅與為甚酥，現在這兩地皆有販售，統名為「東坡餅」。

再依《墨莊漫談》的說法，「東坡性嗜酒，而飲亦不多」。他在黃州苦無佳釀可飲，好友西蜀道士楊世昌，便授其「絕醇釄」的蜂蜜酒方。蘇軾依此法釀製，果得美酒。在喜不自勝下，作首七絕，以詠其事。詩云：「巧奪天工術已新，釀成玉液長精神。迎客莫道無佳物，蜜酒三杯一醉君。」除此而外，他尚有〈蜜酒歌〉七古一篇傳世。

待貶到惠州時，蘇軾縱不得意，仍懷一絲希望，即使日子難捱，還會苦中作樂。比方說，「平生嗜羊炙」的他，因「惠州市寥落（指偏僻），然每日殺一羊」，他「不敢與在官者爭買」，只好「時囑屠者，買其脊骨，間也有微肉，熟煮熟漉，若不熟則泡水亦除，隨意用，薄塗點鹽，炙微焦食之。終日摘剔，得微肉於肯綮（筋肉結合部分）間，如食蟹螯，卒三、五日一食，甚覺有補」。雖無法痛快一膏饞吻，但慢工出細活的品味，不也聊勝於無、自得其樂嗎？

而在這時所寫的〈食蠔詩〉，也很有意思。他初食牡蠣而美，還致函其弟蘇轍說：「無令中朝士大夫知，恐爭謀南徙，以分其味。」看來他已把這一美味據為己有，並視為禁臠啦！此外，「日啖荔枝三百顆，不妨長作嶺南人」，亦是此時的名句。其四月十一日初食荔枝詩，即云：「似聞江鰩斫玉柱，更喜河豚烹腹腴。」有注：「予嘗謂，荔枝厚味高格兩絕，果中無比，惟江瑤柱、河豚魚近之耳。」看吧！他有荔枝吃，還不忘江瑤柱與河豚魚，這種「吃一看二眼觀三」的本能，非大老饕萬不能至此境界。

等到貶往儋州（即海南島），他在出發之前，在謝表上寫著：「子孫慟哭於江邊，已是死別；魑魅迎於海上，寧許生還？」已不抱任何希望，準備埋骨蠻荒了。此時，海南島的生活條件很差，「至難得肉食」，而弟弟蘇轍此時也被貶謫雷州，這對患難兄弟，因無足夠的肉可吃，兩人都消瘦了。因此，他在〈聞子由瘦〉詩中，便道出自己找肉吃的苦況，云：「五日一見花豬肉，十日一遇黃雞粥。土人頓頓食薯芋，薦以熏鼠燒蝙蝠；舊聞蜜唧嘗嘔吐，稍近蝦蟆緣習俗。」詩中的熏鼠即果子狸、白鼻心、竹鼲之屬，這和蝙蝠一樣，他還受用得起。但吃癩蛤蟆和用蜜飼養的小老鼠之初體驗，實在狼狽得很，但垂垂老矣的他，為了果腹兼營養，畢竟還是吃了。

所幸曠達的蘇軾，最後猶不改其樂，依舊吟出：「半醒半醉問諸黎，竹刺藤梢步步迷。但尋牛屎覓歸路，家在牛欄西復西。」的絕妙好詩。

由於常食薯芋，隨侍在側的三子蘇過，「忽出新意」，便發明了用山芋（即山藥）為主料的「玉糝羹」，這很對他的脾味，認為「色、香、味皆奇絕，天上酥陀則不知人間絕無此味」。並寫詩讚之，云：「香似龍涎仍釅白，味如牛乳更全清。莫將南海金虀膾，輕比東坡玉糝羹。」竟把被隋煬帝名為「東南佳味」的「金虀玉膾」比下去，其推崇可知矣。

當然啦！一生多采多姿的蘇東坡，他在飲食上的表現，豈僅如此而已。像與劉貢父間戲耍的「皛飯」、「毳飯」，食河豚「真是消得一死」，吃魚「何妨乞與水精靈」等軼事，一直為後人傳誦，繪影繪聲，神龍活現。

待蘇東坡飽飫珍饈後，飲食觀也跟著修正，著重養生去欲。如在《東坡志林・養生說》中，即云：「已飢方食，未飽先止。散步逍遙，務令腹空。當腹空時，即便入室。不拘晝夜，坐臥自便，惟在攝生，使如木偶。」唯有這樣，才能「諸病自除，諸障漸滅」。而在〈贈張鶚〉一箋中，他更開列了養生「四味藥」：「一曰無事以當貴，二曰早寢以當富，三曰安步以當車，四曰晚食以當肉。夫已飢而食，蔬食有過於八珍。而既飽之餘，雖芻豢滿前，惟恐其不持去也。」一再強調清心寡欲，作適量的運動以養生。

就在蘇軾去世的前一年（時年六十四歲），他又在〈節飲食說〉一文裡，提出「記三養」的理論。文云：「東坡居士自今日以往，不過一爵一肉。有尊客，盛饌則三之，可損不可增。有召我者，預以此先之，主人不從而過是者，乃止。一曰安分以養福，二曰寬胃以養氣，三曰省費以養財。」由此觀之，這位撰〈老饕賦〉以自況的美食家終於大徹大悟，覺今是而昨非。

末了值得一提的是，台灣目前常食的油飯，亦和蘇東坡有關。依照台灣習俗，凡生男丁，三朝或滿月，必以糯米蒸飯，拌以麻油、豚肉、蝦米、蔥珠，謂之「油飰」（即油飯），據名史學家連橫的考證，此乃「東坡《仇池筆記》所謂『盤遊飯』者也」。它與風行大江南北的東坡肉一樣，都是我們飲食或生活中重要的一環，影響所及，既大且深。就在這位大老饕、大文豪及大書家臨終前的兩個月，看到了李公麟為他畫的小像，心中感慨萬千，提筆寫了幾句話，云：「心似已灰之木，身如不繫之舟；問汝平生志業，黃州惠州儋州。」事實上，他如未經此三次人生重要的轉折，絕不能成其大，也無法就其深。今名千古的代價，竟然是「數困於世」。即使「我被聰明誤一生」，卻得以全方位的吃。其一得一失之間，誠令人不勝唏噓。

•「回贈肉」典故

除杭州外，徐州的「回贈肉」亦甚有名。據說蘇東坡任徐州知府時，搶救潰堤，甚得民心。當他離任之際，父老擔來肉、酒，請知府大人收用。東坡自然不肯平白受惠，又怕寒了他們的心，於是將肉、酒一鍋燴，煮成風味獨特的紅燒肉，再回贈給他們。當地人不肯掠美，稱其為「回贈肉」。此肉現與據傳東坡親炙的「杏花雞」、「青山雞」及「金蟾戲珠」齊名，合稱徐州「四珍」。當地名士有詩讚曰：「學士風流號老饕，烹調技術自堪豪，四珍千載傳佳話，君子無由誇遠庖。」

•「東坡羹」作法

東坡羹的作法較為繁複，特譯成白話文如下：用大白菜，其他如蔓菁（即蕪菁）、蘿蔔、薺菜等，全揉洗數遍，去其苦辛汁。先用些許生油塗抹鍋緣和瓷碗，接著下菜入鍋中，過些時候，放入生米做的糝與少許生薑，將擦過油的瓷碗反扣，但碗口不得與湯碰觸，以免羹內有生油氣。一直到燒熟為止，不必去此碗。鍋上方置蒸屜，煮飯一如常法，但不可馬上蓋緊，須等到生菜氣味去盡後，才能上蓋。羹煮沸會往上溢，過油則不溢，加上碗蓋的，必定不溢出。如果不這樣，羹上的薄飯因熱氣不透，就不能熟。等飯熟後，羹亦爛而可食。如果沒菜搭配，另用瓜、茄，皆剖開，不需反覆清洗，只消入鍋上蓋。以煮熟的赤小豆和粳米各一半做羹料，其法和煮菜羹的手法相同。

陸游食詩千古傳

放眼南宋，一談到詩，不能不數尤袤、楊萬里、范成大和陸游這四大家。其中，范成大有詩萬餘首，數量之多，冠絕古今。陸游存世之詩，雖僅有九千二百多首，略少於范成大，然而，其早年詩作大部分散佚，如果認真追究，應在范成大之上，獨占詩壇量產鰲頭。

陸游，字務觀，晚年自號放翁，越州山陰（今浙江紹興）人。自幼好學，早有詩名，文韜武略，有心報國。宋高宗紹興二十三年（一一五三年），赴首都臨安應進士試，被取為第一。翌年，再試於禮部，因喜論北伐事，忤宰相秦檜，加上名列其孫秦塤之前而遭黜落。孝宗時，賜進士出身，始任福州寧德縣主簿。後歷任鎮江、興隆、夔州等地通判，四川安撫制置使參議官，嚴州知州，軍器少監等職，後官至寶章閣待制。空懷滿腔熱血，一生罕受重用，但其詩、詞中，充滿著愛國思想，故有「愛國詩人」之譽。不過，其筆下關於飲食之詩亦多，且以浙江家鄉及第二故鄉四川居其大半，實為中國飲食史，提供了寶貴的參考資料。

而他的軍旅生涯，幾乎全在四川度過，那是他一生最快樂的時光。因為「未嘗舉箸忘吾蜀」，且「自計前生定蜀人」，因此，他晚年在老家隱居時，不時思念川味，像有回他送姪兒陸綽赴吳興山中的佛庵，庵中只供應白粥，連蔬菜和鹽都沒有，他便向溥姓的庵主介紹四川的美味，一直講到深夜，講得庵主垂涎欲滴，乃作〈冬夜與溥庵主說川食戲作〉一首，詩云：「唐安薏米白如玉，漢嘉栮脯美勝肉。大巢初生蠶正浴，小巢漸老麥米熟。龍鶴作羹香出釜，木魚淪葅子盈腹。未論索餅與饡飯，最愛紅糟并缹粥。……何時一飽與子同，更煎土茗浮甘菊。」意即唐安產薏仁，色澤白如玉。漢嘉出木耳，鮮美勝過肉。大巢（指豌豆苗）初生時，蠶兒正結繭。小巢（指元脩菜）漸老時，麥子已成熟。龍鶴菜製羹，香從釜中出。木魚（乃棕筍，即檳榔苞）煮酸菜，子累累滿腹。且不說麵條，也不談蓋飯。最愛吃紅糟，同時喝缹粥。……幾時吃川菜，咱們共品享。再煎當地茶，茶上浮甘菊。津津樂道之下，聊以解饞止飢。

當然啦！四川的美味，包羅萬有，絕不只這些。我們可再從陸游以下的這幾首詩，見識一下川菜的魅力。

其一為〈飯罷戲作〉。撰此詩時，其老長官四川安撫制置使范成大已東返朝廷，遺缺由胡元質繼任。陸游有感故人日稀，心情鬱悶。即使有時參加聚餐，但居家一定是茹素。乃賦詩云：「南市沽濁醪，浮蟻甘不壞。東門買彘骨，醯醬點橙薤。蒸雞最知名，美不數魚蟹。輪囷犀浦芋，磊落新都菜。……」詩中的濁醪即稠酒，以「不似酒，勝似酒」知名。浮蟻乃酒面上的泡沫，俗稱酒花。彘骨為豬肋排。犀浦、新都，皆是地名。前者為四川郫縣，以產豆瓣醬著名，後者位於成都之北，所產菜蔬極為新鮮。

其二為〈思蜀〉。他在東歸朝廷後，不能有所作為，就念念不忘川中之美味，遂吟「玉食峨嵋栮，金齏丙穴魚」之句。栮即木耳，峨嵋所植至佳；金齏應指橙醬，乃搭配丙穴魚的醬料。丙穴魚即嘉魚，產於大丙山和小丙山的山洞中。其頭呈丙字形，體色青褐，腹部玉白，鰭尾紅色，獨刺細鱗，食時不必去鱗，以雅安縣東南周公河中的最為肥美。大者可至二十多斤，但以一至三斤左右為佳，除了作鱠（即生魚片）外，尚可製成百餘種佳肴。

其三為〈蔬食戲書〉。詩云：「新津韭黃天下無，色如鵝黃三尺餘。東門彘肉更奇絕，肥美不減胡羊酥。貴珍詎敢雜常饌，桂炊薏米圓比珠。……」新津在成都西南，其韭黃呈鵝黃色，長可三尺餘，肥美鮮嫩，堪為當時第一。而東門的豬肉，肥嫩又鮮美，不遜胡羊酥香嫩滑的肉。且這等珍味，不會和常饌並列，加上用桂木當柴炊，煮出來的薏仁，又圓又白像珍珠。其滋味之佳，自不在話下。

其四為〈秋晴欲出城，以事不果〉。詩中的「瀼西黃柑霜落爪，溪口赤梨丹染腮。熊肪玉潔香美飯，鮓臠花糝宜新醅」，寫的是夔州物產。原來陸游初至此任通判時，因水土不服，病了四十天，此詩不無敗興之歎。然而，黃柑、赤梨、熊肪、鮓、臠、花糝，皆是當地的美味。其中，最值一提的是熊肪，它一名熊白，據說，熊在冬蟄時，「當心有白脂如玉，味甚美」，且此僅冬天有，夏日則無。它既可燒成美味的「熊白啖」，當然也可澆在飯上，味極香美。

其五為〈薏以〉。陸游注此詩時說：「蜀人謂其實為薏米，唐安所出尤奇。」他之所以作這首詩，主要是感慨小人滿朝，奇士淪野；小人食膏粱，奇士吃藜藿；小人彈冠慶，奇士竟殞命。因此，詩中結尾更發出「嗚呼！奇材從古棄草菅，君試求之籬落間」的浩歎，藉薏米之味雖佳，但蜀人不重視以寄其意。詩一起首便吟：「初游唐安飯薏米，炊成不減雕胡美。大如芡實白如玉，滑欲流匙香滿屋」，將其色、香、味、形，寫得十分精采。可惜它因「腹腴項臠」及「酪誇甘酸」而上不了檯面，可惜亦復可嘆。

說句實話，陸游原先是愛葷食的，像詩中的「醇醪點蟹黃」、「鱸肥菰脆調羹美」、「蟹供牢丸美，魚煮膾殘香」、「團臍霜蟹四鰓鱸，樽俎芳鮮十載無」、「鱃香紅糝熟，炙美綠椒新」、「新釣紫鱖魚，旋洗白蓮藕」、「堆盤珍膾似河鯉，入鼎大臠勝胡羊；披綿黃雀局麴糝美，斫雪紫蟹椒橙香」等，均是明顯的例子。另，他在〈鷓鴣天〉詞寫到吳地的「玲瓏牡丹鮓」，又在〈洞庭春色〉一詞中，提及吳地的「玉膾絲」等，都和吃葷脫離不了干係。

不過，翻開陸游的《劍南詩稿》，吃素卻占了絕大部分。因此，有人認為他老兄一生的際遇雖不甚如意，卻可享八十五歲高壽，即使到了晚年，依然耳聰目明，而且鶴髮童顏，甚至登山撿柴，除了體質強健和胸懷坦蕩外，應與食素有莫大的關係。所言不無道理，卻有其不得已的苦衷。基本上，放翁先生因官運不濟，日子益發艱難，晚年躬耕隴畝，實在乏肉可享。前在蜀中過活，就有生活壓力。曾自嘲賦詩道：「欲賡老饕賦，畏破頭陀戒。況予齒日疏，大臠敢屢嘬。杜老死牛炙，千古懲禍敗，閉門餌朝霞，無病亦無債。」（見〈飯罷戲作〉）引申其意為：想續〈老饕賦〉（注：蘇東坡撰），不覺口水流。怕破頭陀戒（頭陀即和尚，特指行腳僧，其八戒之中，包括不能喝酒吃葷），只能罷干休。況且牙齒少，碰到大塊肉，根本咬不動。杜甫因何死？餓極猛加餐，白酒加烤牛，千古有教訓，應為健康謀。還是不出門，學道家朋友，吃素當珍饈。無病也無債，倒也樂悠悠。畢竟這是戲作，只能調侃自己，即使吃不起肉，也要找台階下。

寫起吃素，陸游的詩作就活絡起來了，幾乎俯拾可見，像「生菜入盤隨冷餅，朱櫻上市伴青梅」、「香甑炊菰白」、「菘芥煮羹甘勝蜜，稻粱炊飯滑如珠」、「青菘綠韭古嘉蔬，蓴絲菰白名三吳，台心短黃奉天廚，熊蹯駝峰美不如」、「福飯似珠菰似玉」、「山栗炮燔療夜飢」、「野艇空懷菱蔓滑，冰盆誰弄藕絲長？」「香粳炊熟泰州紅，苣甲蓴絲放箸空」、「洗釜烹蔬甲，攜鋤斸筍鞭」、「黃瓜翠苣最相宜，新春上市登盤時，莫擬將軍青薺句，兩京名價有誰知？」、「地爐篝火煮菜香，舌端未享鼻先嘗」、「開皺紫栗如拳大，帶葉黃柑染袖香」、「菰脆供盤玉片香」、「乳烹佛粥遽如許，菜簇春盤行及時」、「一盤籠餅是豌巢」、「白苣黃瓜上市稀，盤中頓覺有光輝。時清閭里俱安業，珠勝周人咏採薇」等，皆膾炙人口。我個人最愛的則是〈野飯〉及〈戲鄉里食物示鄰曲〉這兩首古詩。

前者為五言古詩。此為陸游經過大蓬苡，來到成都前，住在杜甫後人杜秀才的家裡，縱使所吃的是薏米、苦筍、芋頭和山蔬，而且少鹽無油，他卻甘之如飴，視為佳肴美味。詩云：「薏實炊明珠，苦筍饌白玉。輪囷劚區芋，芳辛採山蔌。山深少鹽酪，淡薄至味足。往往八十翁，登山逐奔鹿。可憐城南社，零落依澗曲。麪餘作詩瘦，趨拜尚不俗。病夫益倦遊，頗願老窮谷。是家吾所慕，食菜如食肉。時能喚鄰里，小甕酒新漉。何必懷故鄉，下箸厭雁鶩。」也許是一詩成讖，他晚境亦近於此。

後者為七言古詩。此時陸游七十六歲，家中益窘，連常用的銀酒杯都變賣了，有時日食二餐，「始知天地有窮人」，就算鄉里食物頗可口，他也吃不起，窮愁無聊之際，寫下這章家鄉美味的詩，兼以自況，算是「以詩佐餐」。其詩云：「山陰古稱小蓬萊，青山萬疊環樓台。不惟人物富名勝，所至地產皆奇瓌。茗芽落磑壓北苑，藥苗入饌逾天台。明珠百舸載芡實，火齊千擔裝楊梅。湘湖蓴長涎正滑，秦望蕨生拳未開。箭萌蟄藏待時雨，桑蕈菌蠢驚春雷。棕花蒸煮蘸醯醬，薑茁披剝醃糟醅。細研罌粟具湯液，濕裹山蕷（即山藥）供炮煨。老饞自覺筆力短，得一忘十真堪咍。從今置之勿復道，一瓢陋巷師顏回。」

又，野菜亦是陸游的最愛之一，自言：「藜藿盤中忽眼明。」而在所有的野菜中，他對薺菜情有獨鍾，曾作〈食薺〉、〈食薺十韻〉、〈食薺糝甚美，蓋蜀人所謂「東坡羹」也〉等詩，稱頌備至。其詩句有：「春來薺美忽忘歸」、「采采珍蔬不待畦，中原正味壓蓴絲。挑根擇葉無虛日，直到花開如雪時」、「珍美屏鹽酪，耿介凌雪霜」等。

蘇軾一旦食畢「東坡肉」，即「飽得自家君莫管」；陸游凡吃罷「薺糝」，則「捫腹喜欲狂」，一葷一素，後先輝映。比起蘇軾來，陸游會燒的玩意兒更多，且不諱言，自稱「山家不必遠庖廚」。就葷的來說，他能「白鵝炙美加椒後，錦雉羹香下豉初」；素的除製薺糝外，尚能用薺菜炊粳米飯及製薺餅。另，「箭茁脆甘欺雪菌，蕨芽珍嫩壓春蔬」、「拭盤堆連展（即麥餅），洗釜煮黎祁（即豆腐）」、「自候風爐煮小巢」並煮「小巢羹」。其他如用菘、蘆菔、山藥、芋作甜羹，自謂：「山廚薪桂軟炊粳，旋洗香蔬手自烹。從此八珍俱避舍，天酥陀味屬甜羹。」可見對自己的烹飪水準充滿自信。同時，他在

〈種菜〉詩云：「菜把青青間藥苗，豉香鹽白自烹調。須臾徹案呼茶碗，盤箸何曾覺寂寥。」其烹調有術，已呼之欲出，不須多著墨了。

此外，陸游亦主張食粥，認為可以長壽。其〈食粥〉詩便云：「世人個個學長年，不悟長年在目前。我得宛丘平易法，只將食粥致神仙。」事實上，前人早就總結食粥的好處，說一省費，二全味，三津潤，四利膈，五易消化。以此觀之，提倡食粥，是與衛生學的宗旨吻合的。

至於以「辜負胸中十萬兵，百無聊賴以詩名」自況的陸游，其詩集「十九從軍樂」，故被譽為「亙古一男兒」。當宋寧宗開禧二年（一二〇六年）夏，宋軍北伐。這時詩人已老，只能「卻看長劍空三歎」了。即便如此，他仍與幾個朋友聚談，雖老而氣概猶在，作〈素飯〉詩一首，詩云：「放翁年來不肉食，盤箸未免猶豪奢。松桂軟炊玉粒飯，醯醬自調銀色茄。時招林下二三子，氣壓城中千百家（注：此非言百姓，而是指百官），緩步橫摩五經笥，風爐更試茶山茶。」可惜未幾宋軍敗潰，國勢大衰。

正因他是個悲劇詩人，才足以名垂千古。如果他建功立業，收復失土，在歷史上的定位，也絕不可能如此之高。這種狀況，他在〈建安雪〉一詩中，便已道出魚與熊掌不能兼得的遺憾，原來陸游擔任提舉福建路常平茶鹽公事時，建溪的茶和荔枝，品質之優，全甲天下。只是「天下絕」的官茶，「銀瓶銅碾春風裡，不枉年來行萬里」，與「從渠荔子腴玉膚」一樣，要是二選一，好費人思量，遂「自古難兼熊掌魚」。他萬萬沒想到，他的遭際，居然使他成為一大食家，這種結局，應是其始料所未及的吧！

•「薺糝」作法

薺糝是陸游的拿手絕活之一，其「烹飪有祕方」，即「候火地爐暖，加糝（將米磨成粉）沙缽香」，而且糝內絕不可雜以筍、蕨，更不可以膏粱（此指葷腥）污之。此糝「芳甘妙絕倫，啜來恍若在峨岷」，而其味之美，即使「蓴羹下豉知難敵，牛乳抨酥亦未珍」。每使他「午窗自撫膨脝腹」。

不過，陸游有留一手，「祕方常惜授廚人」。此法幸好保留在〈食薺〉一詩中，那就是「小著鹽醯助滋味，微加薑桂助精神」，同時還要「風爐歙」，才能充分入味。

山家珍饌在清供

崇尚本味乃中國飲食的一大特色，其出發點原先是敬天法祖。像《禮三本》即云：「大饗尚玄尊，俎生魚，先太羹，貴飲食之本也。」所謂「玄尊」乃清水一杯。「俎生魚」指祭案上擺的生魚。「太羹」就是大羹，是種不具五味的肉羹。此太羹尤受古人重視，不管在祭祀的場合，或隆重的宴會上，必擺在顯眼的位置，以示莊重。降及後世，尤其是北宋，人們（特別是士大夫）的口味逐漸轉向素食，蔬菜、竹筍、蕈類的美味，取代肉食，躍為席上之珍。首先提倡的人，便是大文豪蘇東坡，他在〈菜羹賦〉的序言寫道：「煮蔓菁、蘆菔、苦薺而食之，其法不用醯（醋）醬，而有自然之味。」這「自然之味」嘛，即是菜蔬的本味。又，南宋人倪思亦云：「人食多以五味雜之，未有知正味者。若淡食，則本自甘美，初不假外味也。」於是乎這股風潮席捲士大夫階層，至清初李漁《閑情偶寄》的「本味論」而達到頂峰，時勢所趨，不可遏抑。而這當中的佼佼者，乃南宋飲饌名家林洪。

洪字龍發，號可山，祖籍浙江，生於福建泉州，生平事蹟不詳，只知他曾謂「游江淮二十秋」，因而通曉福建、江西、江蘇、湖北等地的菜色，其著作有《山家清供》、《山家清事》、《茹草紀事》等三種，最為人稱頌者為《山家清供》，本書共二卷，計一百零四則飲食掌故、趣聞等，內含飲料、菜肴、麵點、飯、粥等，所記大抵為餐菊、食梅、品茗、飲泉、吃蔬果、嘗豆腐、啖蝦蟹和食野味的經驗所得，有的亦附簡易食譜，可資「古為今用」。

《山家清供》絕對是中國清雅真味劃時代的重要文獻。書名之所以名清供，點明食材是以蔬果花為主，即使是肉類菜肴的烹飪製作，亦偏重於清淡原味，製法亦簡單易行，重點則在味歸清真。是以當今走紅世界各地的日本菜，其觀念、取材、創意及製法等，當未跳脫本書之範圍。現就該書裡頭的簡易菜色、繁複佳肴、清雅

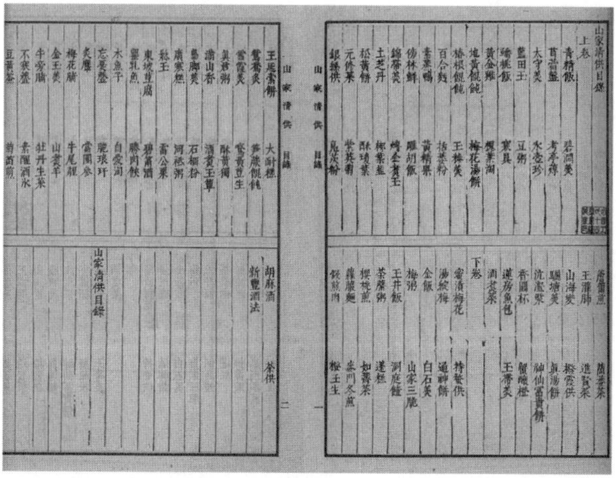
山家清供目錄
上卷
青精飯 碧澗羹
苜蓿盤 考亭蔊
太守羹 冰壺珍
藍田玉 豆粥
蟠桃飯 寒具
黃金雞 槐葉淘
地黃餺飥 梅花湯餅
椿根餛飩 玉糝羹
百合麵 栝蔞粉
素蒸鴨 黃精果
傍林鮮 雕菰飯
錦帶羹 煿金煮玉
土芝丹 柳葉韭
松黃餅 酥瓊葉
元修菜 紫英菊
銀絲供 鳧茨粉
玉灌肺 進賢菜
山海兜 撥霞供
驪塘羹 真湯餅
沆瀣漿 神仙富貴餅
香圓杯 蟹釀橙
蓮房魚包 玉帚羹
酒煮菜
下卷
蜜漬梅花 持螯供
湯綻梅 通神餅
金飯 白石羹
梅粥 山家三脆
玉井飯 洞庭饐
荼蘼粥 蓬糕
櫻桃煎 如薺菜
蘿菔麵 麥門冬煎
假煎肉 橙玉生
山家清供 目錄 一
玉延索餅 大耐糕
鴛鴦炙 筍蕨餛飩
雪霞羹 鵝黃豆生
真君粥 酥黃獨
滿山香 酒煮玉蕈
鴨腳羹 石榴粉
廣寒糕 河祇粥
松玉 雷公栗
東坡豆腐 碧筩酒
罌乳魚 勝肉夾
木魚子 自愛淘
忘憂齏 脆琅玕
炙麞 當團參
梅花脯 牛尾貍
金玉羹 山煮羊
牛蒡脯 牡丹生菜
不寒齏 素醒酒冰
豆黃籤 菊苗煎
胡麻酒 茶供
新豐酒法
山家清供目錄
山家清供 目錄 二

《山家清供》是清雅真味劃時代的重要文獻。

真味、花饌粥品、各式點心、特殊野味及對後世影響深遠的名菜如「蟹釀橙」、「撥霞供」等一一解說，俾諸君明其本末原委。

一、簡單料理的菜色有四，分別為「酒煮玉蕈」、「山家三脆」、「傍林鮮」及「東坡豆腐」，或煮或拌或煨或煎，都很容易上手。

（一）「酒煮玉蕈」：此即酒煮新鮮蘑菇。據唐代《雲仙雜記》的說法：北齊文宣帝的凌虛宴，取香菌以供，品味有銅釘菌、分絲菌，不是用水煮，就是用油炒，宋代用酒煮，與舊法不同，由於酒有去腥增香之效，使此菜更為醇厚，為山村菜肴增輝，西方以紅酒煮牛肉，即淵源於此。其法為：「鮮蕈洗淨，約（即少）水煮，少熟，乃以好酒煮。或佐以臨漳綠竹筍，尤佳。」其滋味據施芸的〈隱樞玉蕈〉詩云：「幸從腐木出，敢被牙齒和，真有山林味，難教世俗知。香痕淳玉葉，生意滿瓊枝。饕腹何多幸，相酬獨有詩。」然而，當時後苑（皇宮御膳房）多用酥炙，即使「風味猶不淺」，畢竟少了山林逸興，以致高下有別。

（二）「山家三脆」：三脆即枸杞頭、小蕈和嫩筍，此乃當時南方山家寺院食用的家常菜，其法為：「嫩笋、小蕈、枸杞頭，入鹽湯焯熟。同香熟油、胡椒、鹽各少許，醬油、滴醋拌食。」又，山家三脆因取料極嫩，風味清新雋永，故林洪之友趙竹溪（密夫）

酷嗜此。林洪亦用此三種食材下湯麵以奉堂上二老，名之為「三脆麵」，並有詩云：「筍蕈初萌杞採纖，燃松（指松柴）自煮供親嚴，人間玉食何曾鄙，自是山林滋味甜。」至於是三料同下做成湯麵，或三料焯水再做澆頭的過橋麵，書中並未明言，只能憑空想像，但可確定的是，滋味絕對不壞，食來有益健康。

（三）「傍林鮮」：這菜十分有趣，手法近於野炊。時節當在初夏，此際「林盛時，掃葉就竹邊煨熟」，正因「其味甚鮮，故名之為傍林鮮」。這種以熱灰煨熟食材的方法，在江南除筍外，尚有白果。他老兄認為「大凡筍，貴甘鮮，不當與肉為友」，所以，他對「俗庖多雜以肉」，很不以為然，因「不才有小人便壞君子」，同時，他覺得蘇軾〈於潛僧綠竹筠軒詩〉中的「若對此君（指竹筍）仍大嚼，世間那有揚州鶴？」詩句亦不表認同，原因無他，因該詩的最後兩句為「若要不俗且不瘦，餐餐筍煮肉」。

（四）「東坡豆腐」：「色潔白粹美，味有古大羹、玄酒之風」的豆腐，為大文豪蘇軾的最愛之一，他所喜食者，為蜜漬豆腐，《山家清供》所載的東坡豆腐，是否為這位大老饕所創製，後人無由得知，但其作法甚妙，乃「豆腐，蔥，油煎，用研榧子（即將號稱玉山果的榧子研磨成粉）一、二十枚和醬料同煮」，用酒煮之亦可，以其俱有益於人也。故此菜滋味清鮮，營養豐富，後世將此化簡為繁，便是康熙皇帝御用的八寶豆腐了。踵事增華，莫此為甚。

二、書中最繁複的佳肴，首推「蓮房魚包」。

此菜為林洪在李春坊的宴席上，得以品嘗到的珍饈。其具體作法為：「將蓮花中嫩房（即蓮蓬）去穰截底，剜穰留其孔，以酒、醬、香料加活鱖魚塊，實其孔，仍以底坐甑內蒸熟，或中外塗以蜜出楪（碟），用『漁父三鮮』供之。」所謂漁父三鮮，就是打魚人家常用的蓮、菊、菱熬成之湯。林洪食罷，喜不自勝，遂賦詩一首，云：「錦瓣（指鱖魚塊）金蓑（指蓮蓬）織兒重，問魚何事得相容？湧身既入蓮房去，好度華池（指西王母之瑤池）獨化龍。」詩中所引用的是西王母瑤池中植蓮養魚，其魚可在華池裡修行成龍的神話故事。口采既好，立意又妙，李春坊在樂不可支下，慷慨致贈端硯一方、龍墨五笏的厚禮，傳為食林美談。

三、書中的清雅真味甚多，在此只舉「山海兜」及「驪塘羹」二例：

（一）「山海兜」：又名蝦魚筍蕨，它始於宋代民間，盛行於士大夫階層，後成為宮廷佳肴。吃友許梅屋先生食罷，讚不絕口，詩云：「趁得山家採蕨春，借廚烹煮自吹薪。倩誰分我杯羹去，寄與中朝食肉人。」這裡的蕨，乃山中野菜，多為救荒食用，可煮、可炒、可煨、可燉、可燜，本是中國古代西北地區的野蔬上品。台灣客籍人士所食的過貓、山蘇等，均是蕨菜。日本人稱其為「雪果山珍」，乃上等醬菜之一。

（二）「驪塘羹」：這道羹很有意思，清淡到無以復加。原來林洪有次到「驪塘書院」作客，每次飯後，必出茶湯，顏色清白，可愛之至，飯後飲此，即使是醍醐（酪酥上的凝聚物，味極甘美）、甘露這些頂級珍味，也比不上。乃向廚師請教製法，其實很簡單，只是用茶葉與蘆菔（形似蕪菁的野菜）細切，再用井水煮爛而已。他後來讀蘇東坡的〈狄韶州煮蔓菁蘆菔羹〉詩，詩云：「我昔在田間，寒庖有珍烹，常支折腳鼎，自煮花蔓菁，中年失此味，想像如隔生。誰知南嶽（指衡山）老，解作東坡羹，中有蘆菔根，尚含曉露清。勿語貴公子，從渠嗜膻腥。」從此即可知狄、蘇二公的嗜好了。此味至清，頗對林洪脾胃，難怪讚譽有加。

四、用花製作的肴點有「牡丹生菜」、「梅花湯餅」及「梅粥」等數種。

（一）「牡丹生菜」：古人常用菊花為餐，到了宋朝，才開始用牡丹花，宮廷亦不例外，像「喜清儉，不嗜殺，每令後苑進生菜」的憲聖（指南宋高宗吳皇后），每在進生菜時，「必採牡丹瓣和之，或用微麵裹，煠（炸）之以酥」。事實上，這兩種食花法，今在台灣亦常見，惟所用的是野薑花。

（二）「梅花湯餅」：此法出自泉州紫帽山某高人的創意，色香味形俱全。其作法為：「初浸白梅、檀香末水，和麵作餛飩皮。每一疊，用五分鐵鑿（即鑿印模子）如梅花樣者，鑿取之。候煮熟，乃過於清湯汁內，每客止二百餘花。」由於其片薄、湯鮮，故詩句形容其「恍如孤山下，飛玉浮西湖」，可惜此一清新別致的食法，當下已難見，代之者為貓耳朵、揪片、片兒川、撥魚、刀削麵等大眾食品。

（三）「梅粥」：煮粥之法，按清代大食家袁枚的講法，「見水不見米，非粥也；見米不見水，非粥也。必使水米融洽，柔膩如一，而後謂之粥」，此「梅粥」甚考究，先「掃落梅英，揀淨洗之」，接著「用雪水同上白米煮粥」，須「候熟，入英同煮」，其味酸略澀而清香，流行於士大夫間，如楊萬里（注：與陸游、范成大、尤袤並稱南宋四大詩家）食罷，曾賦詩云：「才看臘後得春曉，愁見風前作雪飄。脫蕊收將熬粥吃，落英仍好當香燒。」頗能得其旨趣。

五、《山家清供》中記載的點心亦甚可觀，在此介紹「鬆黃餅」、「勝肉餗」、「通神餅」和「蓬糕」這幾種。

（一）「鬆黃餅」：此餅用松花蛋（即皮蛋）黃與熟煉過的蜜，和勻作古龍涎餅狀，一名松花餅，其特色為「香味清甘」，且有「壯顏益志，延永紀筭（筭即算，算籌為古代計數的器具，此指延年益壽）」的功效。原來林洪有次去大理寺（相當現在的司法院）

拜訪評事陳介，陳介留他飲茶，並取鬆黃餅共食。陳戴角巾，美鬚髯，望之有「超俗之標」，讓林洪油興山林之興，覺得駝峰、熊掌這些美味，都比不上。到了明代，《金瓶梅》內尚有松花餅的記載，惜乎今已失傳，應有恢復價值。

（二）「勝肉鋏」：即餃子。此乃用焯過水的筍、蕈，切碎後，加入松子、胡桃，再和以「油、醬、香料」，所做成的素餡餃子。因其滋味較肉餡尤勝，故名「勝肉鋏」。

（三）「蓬糕」：據《西京雜記》的說法，每逢九月九日，「佩茱萸、食蓬餌、飲菊華（花）酒，令人長壽」；又，「正月上辰，出池邊盥濯（即漱口、洗手），食蓬餌，以祓妖邪」，可見食此物用處甚大。

（四）「通神餅」：此即用「薑薄切，蔥細切，以鹽湯焯。和白糖、白麵，庶不太辣，入香油少許」所製出來的餅。通神餅的妙處不僅在美味，而且能去寒氣，冬日食之，尤善。

六、特殊野味亦《山家清供》一書中，不可或缺的要角。像「炙獐」和「雪天牛尾狸」都是有創意的燒法，前者獐肉切大塊，先用鹽、酒、香料醃片刻，再以羊網油包裹，接著猛火烤熟，去網油，食其肉，應是佐酒妙品。後者則將牛尾狸去皮，取出臟腑，用紙揩淨，以清酒洗，將花椒、蔥、茴香塞入腹腔，縫密，蒸熟，去出腹腔物料，壓實一夜，切成如玉薄片。大雪天時，圍火爐旁，「論詩飲酒，真奇物也」。

此兩者固然別出心裁，但更精采的，莫過於「鴛鴦炙」。話說林洪有次去蘇州蘆區遊玩，宿於錢春塘的朋友唐舜選家。正在持螯把酒當兒，恰好有個獵人攜一對鴛鴦來賣，他們買得後，隨即以開水褪毛洗淨，塗油烤，然後下酒、醬、香料，用溫火燒透。此時飲餘吟倦，食此備感適口，於是拈詩云：「盤中一箸休嫌瘦，入骨相思定不肥。」這等食興，羨煞人也，只是所吃的是鴛鴦，不無焚琴煮鶴、大殺風景之感。

至於那壓軸的兩道珍味分別是「蟹釀橙」及「撥霞供」，它們對後世的影響至為深遠，不論中外，皆蒙其惠。

以蟹肉放入橙內，加調料蒸製而成的「蟹釀橙」，實為以水果入饌的上上品。其在製作時，橙（注：中國南方特產，味酸性寒，號稱「嗅之則香、食之則美，誠佳果也」，《本草綱目》更謂它有解「蟹毒」的療效）必選用黃熟而大者，先「截頂剜去穰，留少液」，再「以蟹膏肉（上海人所謂蟹粉）實其內，仍以帶枝頂覆之」，接著「入小甑（古代蒸食炊器，底部有許多能透蒸氣的孔格，當下台南名小吃「狀元糕」，即是用此炊製而成），用酒、醋、水蒸熟」，最後「用醋、鹽供食」。此菜的特色是「香而鮮，使人有新酒、菊花、香橙、螃蟹之興」。由於蟹橙相配，其味融合交會，以致鹹中帶酸，逸出馥郁香氣，令人食慾大增，確為佐酒妙饌。古詩所云的「味尤堪薦酒，香美最宜橙，殼薄胭脂染，膏腴琥珀凝」，頗能道出螃蟹之奧妙。後世仿此燒成的菜肴者不少，我曾在台北四維路的「天鑊」嘗過，確可得其風神，另，其延伸製成的「臘味金瓜盅」、「龍鳳呈祥」（注：即西瓜蒸雞，由山東曲阜孔府菜的名菜「一卵孵雙鳳」轉化而成）等，皆依此製作，另，義大利菜中的「釀烤番茄」，亦淵源於此，只是易蒸為烤而已。

而今日式的涮涮鍋大行其道，其實它師承自《山家清供》，只是書中的菜名叫「撥霞供」，名字美到能引人遐思。一日，林洪去武夷六曲（注：在福建省的武夷山，山有九曲，其第六曲為仙掌峰）拜訪止止師時，適逢下雪天，捕得一野兔，「無廚人可製」。止止師便說：「山間只有薄批（即切成薄片），酒、醬、椒料沃（略浸）之。以風爐（用銅或鐵鑄成的鼎形爐子，盛行於唐、宋之時）安座上，用水少半銚（即弔子。《正字通》云：「今釜之小而有柄有流者亦曰銚。」它是以泥沙燒成的，質料近於砂鍋，雖甚原始粗陋，但頗靈巧好用），候湯響一杯（即水滾開）後，各分以箸，自令夾入湯擺熟，啖之乃隨意各以汁供。因其用法，不獨易行，且有團欒熱暖之樂（指團聚歡樂氣氛）。」看來食涮鍋最早是眾樂樂的，與現在盛行的一人一鍋之獨樂樂方式有別。又，過了五、六年，林洪來到京城杭州，在楊伯岩先生的席上，復見此種吃法，想起武夷之奇遇，恍然有隔世之感。楊伯岩是位「嗜古學而清苦者」，故「宜此山家之趣」。他遂賦詩云：「浪湧晴江雪，風翻晚照霞。」其末二句云：「醉憶山中味，都忘顧客來。」並明言除兔肉外，「豬、羊皆可」。

北宋的科學家蘇頌認為兔肉「為食品之上味」。事實上，它乃高蛋白、低脂肪食品，每年由大陸出口至西歐、北美市場者，數量驚人。只是林洪在結尾寫道：「《本草》云：『兔肉補中益氣，不可同雞食。』」我不明白此作何解，但憶起讀小學算術時，每遇雞兔同籠的計算題，我必為之頭痛不已，或許古代之本草學者早見及此，故先發下此一驚人之語。

話說回來，《山家清供》一書所記載的花饌、果饌、點心及一些肉、魚的製法，皆是南宋人士挖空心思，或偶有一得的清雅真味。它們不論在構思、造型與命名上，均堪稱當時世界獨步，影響至為深遠。至於其文筆優美，餚點可供取法，不僅只是「餘事」，且有實用價值在焉。

•「山海兜」作法

據《山家清供》的記載，其作法為：「春採蕨之嫩者，以湯瀹過（即汆燙）。取魚、蝦之鮮者，同切作塊子（即丁），同湯泡，暴（大火）蒸熟。入醬油、麻油、鹽，研胡椒，同綠豆粉皮拌勻，加滴醋。」另，以筍、蕨等製羹，亦佳。

•「蓬糕」作法

其作法為：「採白蓬（野菜名）嫩者，煮熟，細搗，和米粉加以糖，蒸熟，以香為度。」林洪並感慨地說：「世之貴介，但知鹿茸、鐘乳（即石鐘乳，味甘溫，有治明目益精、安五臟、通百節、利九竅、下乳汁等療效，久服之後，尚可延年益壽，好顏色。流行於宋代）為重，而不知食此大有補益。」他還強調，萬萬不能因「蓬糕」為山野粗食而輕忽它喲！

•「通神餅」典故

因為朱熹在《論語注》云：「薑通神明。」故得此名。

張岱口福過半生

在古今中外的美食家當中，一生起伏極大，前後判若天淵的，首推被黃裳譽為絕代散文家的張岱。

張岱，字宗子，又字石公，號陶庵，又號蝶庵居士。山陰（今浙江紹興）人，其前世為四川劍州人，故他在〈自為墓誌銘〉自稱「蜀人張岱」。家世甚為顯貴，自其高祖至祖父三代中，一代狀元，兩代進士。祖父汝霖尤知名，視學貴州時，取佳士最多，黔之人感戴，稱「三百年無此提學」。父張耀芳，擔任魯王的右長史，王好神仙之術，他因精通導引，以致君臣之間，十分契合。在此家世背景下，張家富甲一方，自然成為明末紹興的名門望族之一。張岱前半生能享受豪華的生活，其來有自。

自幼聰穎的張岱，六歲即嶄露頭角，為當時的名士陳繼儒（號眉公先生，名動公卿，以「眉公餅」而為世所稱，堪與「東坡肉」齊名）所豔羨。話說張汝霖攜年方六歲的張岱遊武林，正巧遇見陳眉公騎鹿至錢塘。眉公對汝霖說：「久聞父孫善屬對，吾面試之。」接著他指屏風上的〈李白騎鯨圖〉出上聯曰：「太白騎鯨，采石江邊撈夜月。」張岱隨即對出下聯曰：「眉公跨鹿，錢塘縣裡打秋風。」眉公大笑不已，從鹿上躍起說：「那得靈雋若此！吾小友也。」此對不僅工整，而且諷刺陳繼儒去打秋風，其文采宛然可見。

甲申年（一六四四年），明王朝告終。張岱的一生，亦由此劃作兩個階段。前一階段的時光，他的生活極為豪侈，態度則完全放縱，自稱：「少為紈子弟，極愛繁華。好精舍，好美婢，好孌童，好鮮衣，好美食，好駿馬，好華燈，好煙火，好梨園，好鼓吹，好骨董，好花鳥；兼以茶淫譎謔，書囊詩魔。」等到明亡之後，其生活已大不同，此時「年至五十，國破家亡，避跡山居（避難剡溪山）。所存者，……缺硯一方而已。布衣蔬食，常至斷炊。」過了二十年，他屏居臥龍山之仙室，「短檐危壁」，日子更苦，「瓶粟屢罄，不能舉火」，而他之所以「尚視息人間」，主要是撰述《石匱書》，欲比擬宋末鄭思肖的《鐵函心史》。其心志固然卓絕堅定，但生活極為艱辛，與昔日的風光，所去不啻天壤，令人不勝唏噓。

當張岱初至剡溪山時，便意識到「繁華靡麗，過眼皆空，五十年來，總成一夢」，於是「遙思往事，憶即書之，持向佛前，一一懺悔」，撰成《陶庵夢憶》一書。所述雖為

「懺悔」之作，但刻苦銘心的鄉戀，卻不時流露浮現。

明中葉以後的商業活動，空前繁榮。不但貨物種類繁多，且穀布絲棉、鹽糖茶酒等日用消費品的比重上升，以致交換的領域，從地方市場走向跨區域市場，甚至遠達海外，像「滇南車馬，縱貫遼陽，嶺南宦商，衡游薊北」（見《天工開物・序》）、「燕、趙、秦、晉、齊、梁、江淮之貨，日夜商販而南；蠻海、閩廣、豫章、楚、越、新安之貨，日夜商販而北」（見《李長卿集》）。在如此的條件下，一方面提高城鎮生活的水平和消費方式，另方面則擴大人們的眼界，以致滿足口腹之慾的飲食消費尤其驚人。於是富豪之家的窮奢極欲，文人雅士的精究飲食形成風氣，集兩者之大成的張岱，遂「耽耽逐逐」、「為口腹謀」。因而他在《陶庵夢憶》裡，即用不少篇幅，憶述了自家的飲食生活和飲食品類，如所嗜之方物、蟹會、中秋聚會、品山堂魚宕採菱烹魚、乳酪、蘭雪茶、鹿苑寺方柿等，皆膾炙人口，足見他以往生活之優渥，與江南飲食之興盛。

陶菴老人著作等身其自信者尤在石匱一書茲編載方言巷詠嘻笑瑣屑之事然略經點染便成至文讀者如歷山川如睹風俗如瞻宮闕宗廟之麗殆與采薇麥秀同其感慨而出之以詼諧者歟老人少工帖括不欲以諸生名大江以南凡黃冠劍客緇衣伶工畢聚其廬且遭時太平海內晏安老人家龍阜有園亭池沼之勝木奴秫秔歲入緡以千計以故鬬雞臂鷹六博蹴踘彈琴劈阮諸技老人亦靡不為今已矣三十年來杜門謝客客亦漸辭老人去間策杖入市人有不識其姓氏老

陶菴夢憶序　　粵雅堂叢書

張岱畫像及記載其飲食之作《陶庵夢憶》。

自稱「越中清饞無過余者」的張岱，喜啖四方之物，但不時不食，非佳品不食。諸如：「北京則蘋婆果、黃鼠、馬牙松；山東則羊肚菜、秋白梨、文官果、甜子；福建則福桔、福桔餅、牛皮糖、紅腐乳；江西則青根、豐城脯；山西則天花菜；蘇州則帶骨鮑螺、山楂丁、山楂糕、松子糖、白圓、橄欖脯；嘉興則馬交魚脯、陶莊黃雀；南京則套櫻桃、桃門棗、地栗團、窩團、山楂糖；杭州則西瓜、雞豆子、花下藕、韭菜、玄筍、塘栖蜜桔；蕭山則楊梅、蒓菜、鳩鳥、青鯽、方柿；諸暨則香狸、櫻桃、虎栗；嵊則蕨粉、細榧、龍游糖，臨海則枕頭瓜；臺州則瓦楞蚶、江瑤柱；浦江則火肉；東陽則南棗；山陰則破塘筍、謝橘、獨山菱、河蟹、三江屯蟶、白蛤、江魚、鰣魚、裡河鰡。」而且「遠則歲致之，近則月致之、日致之」，如不一一弄到手，絕不善罷甘休。等到日後回憶時，始知「向之傳食四方，不可不謂之福德也」。

又，蕭山「鹿苑寺」的夏方柿，「六月溽暑，柿大如瓜，生脆如咀冰嚼雪，目為之明，……土人以桑葉煎湯候冷，加鹽少許，入甕內，浸柿沒其頸，隔二宿取食，鮮磊異常」。他昔日食蕭山柿時，口感多澀，竟因避戰禍，而得此一吃法，實口福匪淺，好生羨煞人也。

另，張岱住「眾香國」時，其中的「品山堂」門外有魚宕，「橫亙三百餘畝，多種菱芡。小菱如薑芽，輒採食之，嫩如蓮實，香似建蘭，無味可匹。……季冬觀魚，魚艓千餘艘，鱗次櫛比，……魚入網者圉圉，漏網者噞噞，寸鯢纖鱗，無不畢出。集舟分魚，魚稅三百餘斤，赤魄攜白肚，滿載而歸」，這時候，他便約兄弟們「烹鮮劇飲，竟日而散」。這種現撈現煮現吃的方式，而今已覺不新鮮，但他們每觀魚即如此，吃香喝辣，整日始散，真個逍遙似神仙了。

明思宗崇禎七年（一六三四年），剛好是閏八月，在中秋節當天，便仿虎邱故事，「會各友於蕺山亭」。約定「每友攜斗酒、五簋、十蔬果、紅氈一床、席地鱗次坐」。陣容十分浩大，「在席者七百餘人，能歌者百餘人，同聲唱『澄湖萬頃』，聲如潮湧，山為雷動。諸酒徒轟飲，酒如行泉。夜深客飢，借『戒珠寺』齋僧大鍋煮飯飯客，……長年以大桶擔飯不繼」。其實，這種大陣仗的以吃聯誼，緣自結社。像黃宗羲南京的「復社」，成員有他及崑山張爾公、歸德侯朝宗、宛上梅朗三、蕪湖沈昆銅、如皋冒辟疆等數人，「無日不連輿接席，酒酣耳熱，多咀嚼大成，以為笑樂」。除此而外，遍布大江南北的吃會、酒社，以張汝霖在杭州組織的「飲食社」尤負盛名，他們羅致各種佳肴珍饌後，進行深入研究，寫成一部《饕史》。張岱有乃祖之風，亦有各式各樣的吃會，但以「蟹會」最為人們所津津樂道。

張岱是個食蟹大行家，認為「食品不加鹽、醋而五味全者，為蚶，為河蟹。河蟹至十月與稻、粱俱肥，殼如盤大，墳起，而紫螯巨如拳，小腳肉出，油油如螾。掀其殼，膏膩堆積，如玉脂珀屑，團結不散，甘腴雖八珍不及」。因此，他每年一到十月，就「與友人兄弟輩立蟹會，期於午後至，煮蟹食之，人六隻，恐腥冷，迭番煮之」，所搭配的菜色，則是「肥臘鴨、牛乳酪。醉蚶如琥珀，以鴨汁煮白菜如玉版」，至於他品，分別是「果蓏以謝橘、以風栗。飲以『玉壺冰』，蔬以兵坑筍，飯以新餘杭白，漱以蘭雪茶」。而這個蟹會，「由今思之，真如天廚仙供」，最後乃以「酒醉飯飽，慚愧慚愧」收場。短短一則小品，詳細記述了蟹的風味特色、吃法，搭配的肴饌珍異，及與友人聚會的情況，筆法精鍊，絕妙有味，實飲食小品文中不可多得的佳構，數百年後讀之，猶覺歷歷在目。

此外，張岱喝牛乳亦極講究，一切自力救濟。畢竟，「乳酪自駔儈（猶今日商場之經紀人）為之，氣味已失，再無佳理」。為了享受美味，他便「自豢一牛，夜取乳置盆盎，比曉，乳花簇起尺許」，接著「用銅鐺煮之，瀹蘭雪汁，乳斤和汁四甌，百沸之」，其滋味則「玉液珠膠，雪腴霜膩，吹氣勝蘭，沁人肺腑」，它自然是「天供」，一等一的佳品。而且其烹法多變，「或用鶴觴花露入甑蒸之，以熱妙；或用豆粉攙和漉之成腐，以冷妙；或煎酥，或作皮，或縛餅，或酒凝，或鹽醃，或醋捉」，雖多種多樣，但「無不佳妙」。不過，他老兄也嘗過蘇州「過小拙」和以「蔗漿霜，熬之、濾之、鑽之、掇之、印之」，「天下稱美味」的「帶骨鮑螺」。只是店家的保密功夫到家，配方既「鎖密房」中，並「以紙封固」，即使是父子，亦不輕傳之。正因其如此，張岱當然無法自行製作了。

自評有「七不可解」的張岱，自謂「啜茶嘗水，是能辨澠、淄（引易牙能辨澠水、淄水的典故）」，極精茶道，能品佳泉。有一回，其友周墨農對閔汶水這位老先生的茶藝讚不絕口。戊寅年九月，張岱特地去桃葉渡拜訪他。汶水外出，到晚方歸，正要敘話，汶水起身說：「手杖忘了拿。」又轉身而去。張岱不想白來，繼續癡癡地等。等到汶水回來，斜眼看著他說：「你還在啊！做什麼呢？」張岱便說：「慕汶老久，今日不暢飲汶老茶，決不去。」閔汶水大喜，「自起當罏，茶旋煮，速如風雨」，更導引他入一室，「明窗清几，荊溪壺、成宣瓷甌十餘種皆精絕。燈下視茶色，與瓷甌無別，而香氣逼人」，張岱拍案叫絕，便問汶老說：「此茶何產？」汶水回說：「閬苑茶也。」張岱再啜之，說：「別騙我了，是閬苑製法，但味道不像。」閔汶水匿笑道：「你可知產地？」張岱又喝一口，說：「怎麼和羅岕茶像極了？」汶老吐舌道：「奇！奇！」張岱接著又問：「水乃何水？」回道：「惠泉水。」張岱不信，說：「別再騙我了。惠泉走千里，水已勞乏但主角不動，是什麼原故？」汶老只好實話實說，表示：「不敢再隱瞞了。我取惠泉水，必先淘井，靜夜候新泉到，就馬上汲取。將山石一塊塊放甕底，船要順風才走，故此水有生氣，即使尋常惠泉，仍然遜它一籌，何況其他的水？」說罷又吐舌道：「奇！奇！」過了一會兒，又持一壺新沏的茶來，說：「你喝喝看。」張岱啜盡，便回道：「茶香撲烈，味甚渾厚，是春茶喔！剛才喝的是秋茶。」這下子，汶老不得不佩服說：「我年過七十，精於鑒茶的，也看過不少，沒人及你啊！」兩人於是定為忘年交。從這段自述中，張岱對自己的賞味鑒茶，可是信心滿滿，流露字裡行間。

在《陶庵夢憶》中，另有一則記〈泰安州客店〉。原來張岱有次赴泰山進香，「未至店里許，見驢馬槽房二十三間，再近有戲子寓二十餘處；再近則密戶曲房，皆妓女妖冶其中」。凡「投店者，先至一廳事，上簿掛號，人納店例銀三錢八分，又人納稅山銀一錢八分。店分三等。下店夜素，早亦素，午在山上用素酒果核勞之，謂之『接頂』。夜至店，設席賀。謂燒香後，求官得官，求子得子，求利得利，故曰賀也。賀亦三等：上者專席，糖餅、五果、十肴、演戲；次者二人一席，亦糖餅，亦肴核，亦演戲；下者三四人一席，亦糖餅、肴核，不演戲，用彈唱。」經觀察後，「計其店中，演戲者二十餘處，彈唱者不勝計。庖廚炊爨亦二十餘所，奔走服役者，一二百人。下山後，葷酒狎妓惟所欲，此皆一日事也。若上山落山，客日日至，而新舊客房不相襲，葷素庖廚不相混，迎送廝役不相兼，是則不可測識之矣。」而更奇的是，泰安一州與此店經營型態相近的，竟有五六所，不亦怪哉！

此文所談的，不僅是飲食，且為明代旅遊業者留下一頁寫真。由此可見，變相經營，古已有之，於今尤烈。

張府不特貲雄於鄉，而且，「家常宴會，但留心烹飪，庖廚之精，遂甲江左。」一生在這種氛圍，張岱精吃懂吃，也就順理成章。他除了前述的《陶庵夢憶》、《石匱書》外，尚有《張氏家譜》、《西湖夢尋》、《瑯嬛文集》、《明易》、《史闕》、《快園道古》、《傒囊十集》、《四書遇》等多種。其中，尤值一提的為《老饕集》。此書係以其祖父張汝霖所編的《饔史》作基礎，多所修訂的一部飲食專著。他在序中寫道：「余大父與武林涵所包先生、貞父黃先生為『飲食社』講求正味，著《饔史》四卷。然多取《遵生八箋》，猶不失椒薑，用大官炮法，余多不喜，因為搜輯訂正之……遂取其書而銓之，割歸於正，味以其鮮，一切矯揉炮炙之制不存焉。雖無《食史》、《食典》之博洽精腆，精騎三千，亦足以勝彼羸師十萬矣。」語出自信，當為精品。惜多散落，現只能在有關的文集中略見端倪。知味識味之士，無不扼腕太息。

•「蘭雪茶」典故

前文兩次提到的蘭雪茶，係出自張岱的創意，原來日鑄（越王鑄劍之地）雪芽茶之味，「棱棱有金石之氣」，向為浙江第一。張岱先募歙人入日鑄，再用松蘿的製法，扚之、掐之、挪之、扇之、炒之、焙之。以禊泉煮，「投以小罐，……雜入茉莉，再三較量，用敞口瓷甌淡放之。候其冷，以旋滾湯沖瀉之，色如竹籜方解，綠粉初勻，又如山窗初曙，透指黎光。取清妃白傾向素瓷，真如百莖素蘭同雪濤並瀉也」，乃戲呼其為「蘭雪茶」。其在問世四、五年後，居然使浙江人翕然風從，成為時尚新茶，亦是美事一樁。

全面品享李笠翁

所謂的「味道」，不完全是指食物，整個日常生活的情趣，全包括在內。放眼古今中外，真正懂得品味的人，並不多見，李漁絕對是其中的佼佼者，坐二望一。

李漁字笠鴻、謫凡，號笠翁，浙江蘭溪人。少時在江蘇如皋度過，長大還鄉，曾應試中過秀才，後兩次鄉試皆不第，擔任過婺州知州的幕客。入清之後，絕意仕進，移居金陵，開設「芥子園書鋪」，主要從事傳奇小說創作、戲劇導演及經營書店等活動，晚年則遷寓杭州，築「層園」於雲居山而居。他一生大部分時間，都花在帶著自家戲班子到處旅行，且赴達官貴人門下演出，先後到過北京、陝西、甘肅、山西、河北、安徽、湖北、浙江、福建、廣東、廣西等地，由於閱歷豐富，見識因而不凡，品味自然提升，達到前無古人，後難有來者的最高境界。

李漁才華出眾，雅諳音律，能書善畫，精於飲饌，一生著述甚多。主要著作有《風箏誤》等十種劇本（合稱《笠翁十種曲》），長篇小說《合錦回文傳》，白話小說《十二樓》，文言小說《秦淮健兒傳》等，另，創作了一千四百餘首詩詞，結集成《笠翁詩集》、《耐歌詞》行世，並撰寫一百三十餘篇《論古》的史論集，以及傲世鉅著《閑情偶寄》等。又，其詩文全集在刊行時，統名《李笠翁一家言》。

在書畫等藝術方面，李漁亦有極高造詣。書法以隸書對聯，最為世人所重；所畫〈山水人物四段卷〉，氣韻非凡，不愧丹青妙手。而他所指導並編輯的《芥子園畫譜》，至今仍被畫壇奉為入門圭臬，此外，亦刻印《古今尺牘大全》等通俗讀物，影響士人極巨。此外，他所設計、製作的箋簡、扇面等工藝品，頗為雅致、大方，甚受人們歡迎。

《閑情偶寄》寫成於清順治年間，堪稱中國有關品味的第一寶典。此書包括詞曲、演習、聲容、居室、聯匾、器玩、飲饌、種植、頤養八個部分，舉凡詞曲創作、演藝訓練，整身修容、園藝技術、居住裝飾、書畫品評、食物烹享、養生長壽、花木栽植等，無不探討深刻，互為交融，處處映射李漁崇尚自然、講究意境的美學。其尤可貴者，乃立論精闢，語多風趣，文字優美，許多段落都能自成一格，小品文章，篇篇可誦，實在精采。

其中的〈飲饌部〉，計十二卷，三個單元。列為第一的蔬食，有筍、蕈、蓴、黃芽、髮菜、瓜、茄、瓠、芋、山藥、香椿、蔥、蒜、韭、蘿蔔、芥菜等十六種；列為第二的穀食，有飯、粥、羹湯、糕、餅、麵、粉等七種；列為第三的肉食，則有豬、羊、牛、犬、雞、鵝、鴨、野禽野獸、魚、蝦、鱉、蟹、斑子魚、西施舌、河魨等十五種。其後另附〈不載果食茶酒說〉，此乃笠翁喜素食、喜茶、喜食水果而厭酒習尚的真實反映，亦是他藉此話題（即果茶之道）來闡述自己飲食觀的文字，意在言外，生動有趣。

自謂「南人而北相」的李漁（注：〈識人賦〉云：「南人似北兮必超群，……」；〈風鑒歌〉云：「南人體似北，身大而肥面多黑，……」），「性之剛直似之，食之強橫亦似之」，所以，他的「一日三餐」，必「二米一麵」，目的即在「酌南北之中，而善處心脾之道」（因「南人飯米，北人飯麵，常也」。《本草》云：「米能養脾，麥能補心。」各有所裨於人）。而且他的食麵之法，「小異於北，而大異於南」，原因是北人食麵多作餅，但他喜歡吃麵條（即切麵），只是南方人食切麵，所有「油、鹽、醬、醋等作料，皆下於麵湯之中」，結果「湯有味而麵無味」，搞不清所重的，究竟是湯或麵？他認為這與未吃麵沒啥兩樣。於是自行創製了「五香麵」和「八珍麵」這兩種麵食，前者料少，用以「膳己」，後者料豐，主要用來「饗客」。

李漁畫像

而煮好吃的飯，顯然也非易事。因為「飯之大病，非爛即焦」，其病在「火候不均」。然而，亦有具其美形，但食之無味者，其病為「挹水無度，增減不常」。由於「飯水忌減」，故在煮飯時，水放太多，必逼去米飯之精液，「精液去則飯為渣滓」，吃起來怎會有好滋味？

當宴客時，所煮的飯就更考究了，其祕訣在增添香氣。李漁有次請客吃飯，先命廚娘準備一盞花露，俟米飯初熟時，將花露澆上，加蓋略燜，接著拌勻，盛碗端出。客人以為是用了「異種」穀米，頻頻問此「香米」從何而來？李漁笑而不答，「此法祕之已久」。後來他還是在《閑情偶寄》中披露了，謂：「行此法者，不必滿釜澆遍，遍則費露甚多，……止以一盞澆一隅，足供佳客所需而止。露以薔薇、香櫞、桂花三種為上，勿用玫瑰，以玫瑰之香，食者易辨，知非穀性所有。」換言之，他選用薔薇、香櫞、桂花的原因，即在其香「與穀性之香者相若，使人難辨」。

李漁認為：「飲食之道，膾不如肉，肉不如蔬」，

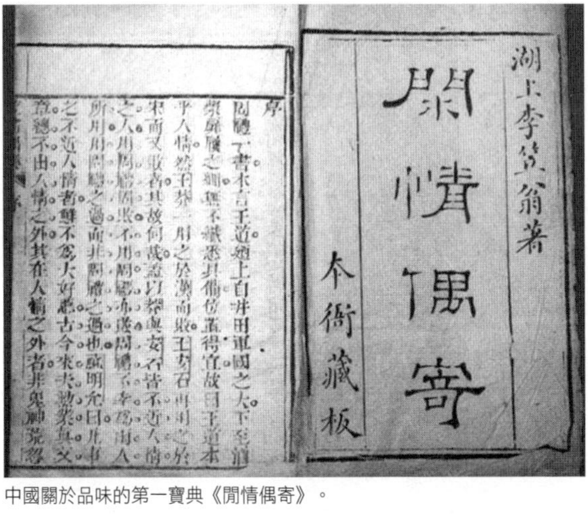
湖上李笠翁著
閑情偶寄
本衙藏板

中國關於品味的第一寶典《閑情偶寄》。

其原因在於「以其漸近自然」，故將蔬食列為第一。而在所有的蔬食中，他最愛的「至鮮至美之物」，分別是筍與蕈。

一般論蔬食之美者，不外在清、潔、芳馥、鬆脆這四方面。他則於此之外，另標舉一個「鮮」字，故其「能居肉食之上」。

食筍的方法雖多，但李漁歸納之後，只有「素宜白水，葷用肥豬」這兩句話。又，茹素者食筍，「常以他物伴之，香油和之」，以致「陳味奪鮮」，喪失食筍的真趣，實不足取。所以，只要「白烹俟熟，略加醬油」，也就夠了。而用筍配葷，非但要用豬肉，且須專用肥肉。因「肉之肥者能甘，甘味入筍，則不見其甘，但覺味至鮮」。待煮熟後，盡去肥肉，「汁存其半而益以清湯」，調和之物，惟醋與酒。如此，則「諸味皆鮮」。至於高明的廚子，「凡有焯筍之湯，悉留不去，每作一饌，必以和之」，目的在使食客但知他物之鮮，「而不知所以鮮之者」。故李漁以為「菜中之筍」，一如藥中之甘草，都是必需之物，只是不用其渣滓，而用其精液。遂將筍列為蔬食中第一品，可謂當之無愧。

蕈則素食固佳，但「伴以少許葷食尤佳」。一言以蔽之，蕈汁之鮮味無窮，無奈「清香有限」，只能屈居老二。

另，在蔬食中，能與筍、蕈鼎足而三者，當為水中之蓴。李漁曾用並稱「清虛妙物」的蕈、蓴作羹，和以蟹之黃、魚之骨，名之為「四美羹」。以此奉客，舉座皆「食而甘之」。有人還說：「吃過此羹，今後再也無處下箸了。」其美可想而知。此外，李漁在書中再三致意者，乃頭髮菜與芥辣汁。前者出於奇遇，後者則是他老兄每食必備的調味品。

頭髮菜奇在色相。李漁有次作客秦中，「傳食於塞上諸侯」。他將要前往別處時，發現炕上有物，好像一捲亂髮。他起初以為是婢女梳髮後所遺留下來的，準備丟棄。婢女回說：「這是群公所贈之物，不是頭髮。」乃持此請教當地人士，才知此為頭髮菜，產於河西，其值甚賤。凡至秦中者，皆爭購此一異物，但它流行不廣，以致京師少見。而在吃的時候，只消「浸以滾水，拌以薑醋」，其「可口倍於藕絲、鹿肉等菜」。於是他攜此饗客，「無不奇之，謂珍錯中所少見」。因此，他自豪地說：「髮菜之得至江南，亦千載一時之至幸也。」此「幸」即在於他的傳播之功。

又，李漁認為菜中具有薑、桂之性者，首推辣芥。而製辣汁的芥子，必用陳年的，才會愈老愈佳，而且用此拌物，無物不佳。他還打個比方，「食之者如遇正人，如聞讜論，困者為之起倦，悶者以之豁襟」，堪稱「食中之爽味」。他之所以將所居庭園及書鋪皆命名「芥子園」，其原因即在此。

而在所有的肉食中，李漁偏愛水族。他自稱：「予擔簦二十年，履跡幾遍天下，四海歷其三，三江五湖，則俱未嘗遺一，惟九河未能環繞，以其迂僻者多，不盡在舟車可抵之境也。歷水既多，則水族之經食者，自必不少。」其中，最令他癡情，「無論終身，一日皆不能忘之」的，就是「心能嗜之，口能甘之」的蟹螯了。

李漁食蟹，可謂瘋狂，家人笑他「以蟹為命」。每年蟹的產季未到時，他就開始存錢，並稱此為「買命錢」。他還愛屋及烏，呼九月、十月（指農曆，九月食母蟹最肥，十月吃公蟹最美）為「蟹秋」。又怕產季過後難以為繼，更命家人「滌甕釀酒，以備糟之醉之之用」，此糟名「蟹糟」，此酒稱「蟹釀」，而那只甕則叫「蟹甕」。尤可笑者，他竟把「勤於事蟹」的婢女改名「蟹奴」。這種執著精神，謂之「天地間之怪物」，實不為過。

一直堅信「世間好味，利在孤行」的李漁，對於那「鮮而肥，甘而膩，白似玉而黃似金，已造色香味三者之至極，更無一物可以上之」的蟹，其在享用之際，主張要整隻吃，先「蒸而熟之，貯以冰盤，列之几上」，然後「聽客自取自食，剖一匡，食一匡，斷一螯，食一螯」，唯有如此，才能「氣與味纖毫不漏，出於蟹之軀殼者，即入於人之口腹」，才能深得飲食三昧。而且這不勞他人動手，「必須自任其勞」，在旋剝旋食下，才吃得更盡興。如果請尊客，因吃相不雅，勢難整隻上，不得已而製羹，但不應和以他物，純用煮雞、鵝之汁為湯，始能去膩提鮮。而各種食蟹之法中，他最厭惡「斷為兩截，和以油、鹽、豆粉而煎之」，因此舉會「使蟹之色、蟹之香與蟹之真味全失」。他還調侃說：「人們這麼燒蟹，皆似嫉蟹之多味，忌蟹之美觀，遂多方蹂躪，務使可愛的蟹，洩氣而變其形。」其痛心疾首，已躍於筆端。

對於吃魚，李漁「首重在鮮，次則及肥」，如「肥而且鮮，魚之能事畢矣」。像鱘、鯚（即鱖）、鯽、鯉魚等，皆靠鮮取勝，以清煮作湯為宜；若鯿、白、鰣、鰱等，則以肥見長，以厚烹作膾為宜。至於烹煮之法，全在火候得宜，欲得鮮之至味，又「只在初熟離釜之片刻」，倘先烹以待客，將「有其形而無其質」。此外，他的製魚良法為蒸，其妙處在「使鮮肥迸出，不失天真，遲速咸宜，不虞火候」。其製作的要領，則是把魚「置於鏇內，入陳酒、醬油各數盞，覆以瓜、薑及筍、蕈諸鮮物，緊火蒸之極熟」，正因「鮮味盡在魚中，並無一物能侵，亦無一氣可洩」，故為「真上著也」。目前江浙館子的蒸魚方式，皆師其法。

另，李漁對食材的著墨，亦甚有趣，譬如「蝦也者，因人成事之物，然又必不可無之物，治國若烹小鮮，此小鮮之有裨於國者」；「江南之鱭（即鳳尾魚），則為春饌中妙物。食鰣魚及鱘鰉有厭時，鱭則愈嚼愈甘，至果腹猶不能釋手者也」；「雄鴨能愈長愈肥，皮肉至老不變，且食之與參耆（指人參、黃芪）比功，則雄鴨之善於養生，不待考核而知之矣」；「山藥則孤行並用，無所不宜。併油、鹽、醬、醋不設，亦能自呈其美，乃蔬食中之通材也」。凡此種種，皆寓至理，能多加體會，必受用不盡。

其實，李漁亦有失之交臂的美味，他嘗自言：「予性於水族無一不嗜，獨與鱉不相能，食多則覺口燥，殊不可解。」於是「林居之人」，述嫩蘆筍煮鱉裙羹以鳴得意的美味，他就無福消受了。不過，李漁在《閑情偶寄・頤養部》「調飲啜」裡，所暢談的飲食主張：「愛食者多食，怕食者少食；太飢勿飽；太飽勿飢，怒時、哀時勿食；倦時、悶時勿食。」其各條目均頗有見地，不是隨人說短長。

暴殄天物乃李漁最深惡痛絕的烹調方式。像有人告訴他食鵝之法，說：「從前有一人善製鵝掌，每殺所養的肥鵝前，必先熬沸油一盂，倒在鵝掌上。鵝痛得要死，則縱入池中，一再地跳躍。隨後復擒復縱，一共來上四次。這樣處理過後，鵝掌厚美甘甜，其厚可達一寸，真乃食中異品。」李漁聽罷，便說：「真是慘啊！我不想聽。禽獸不幸而被人們飼養，食人之食，死人之事，以死償之，也就夠了。奈何未死之先，就施之以慘刑。鵝掌雖美，入口即消，但所受的痛楚，將百倍於此者。用生物多時的苦痛，只為換我片刻的甘甜，即使是殘忍的人亦不為，何況是有苦口婆心的人？我想地獄正為此人而設。他死後所受的炮烙之刑，將更甚於炙鵝之掌。」他在字裡行間，充滿著人道的關懷，令人肅然起敬，予以喝采不迭。

李漁自稱輯此飲食一卷（注：指《閑情偶寄・飲饌部》），「後肉食而首蔬菜，一以崇儉，一以復古」。事實上，而今蔬食不見得比肉食更便宜！另，飲食注重養生，竟以復古視之，實在比擬不倫。難怪袁枚會在《隨園食單》中指出：「笠翁亦有陳言。……大半陋儒附會。」應是指此而言。不過，懂得品味的李漁，只取天地之有餘，以補我之不足，絕不「逞一己之聰明，導千萬人之嗜欲」，光就此點而言，甚值吾人稱許。

又，李漁個人較不喜肉食（注：除蟹以外），其所楬櫫的說法，我就不敢苟同。他說：「肉食者鄙，非鄙其食肉，鄙其不善謀也。食肉之人之所以不善謀，說穿了，就是肥膩的精液，凝結而成油脂。它們會蔽障胸臆，如同茅塞其心，使此人不再通其竅了。」他並舉老虎為例，指出老虎不食小孩、不吃醉客、不行曲路，都是只吃肉，致有勇無謀，「威猛之外，一無所能」且「脂膩填胸不能生智」。寫得洋洋灑灑，卻是狗屁不通。畢竟食肉太多，有礙健康固是實情，但每個人的體質不同，怎能一概而論？何況當今尚有人提倡食肉養生之法哩！但即便如此，仍不礙其在飲食方面的權威性及崇高的地位。謂之品味教主，絕非溢美之詞。

•「五香麵」作法

五香麵的五香為醬、醋、椒末、芝麻屑及焯筍或煮蕈、煮蝦之鮮汁。其具體作法為：「先以椒末、芝麻屑二物，拌入麵中，後以醬、醋及鮮汁，和為一物，即充拌麵之水，勿再用水，拌宜極勻，宜極薄，切宜極細，然後以滾水下之。」有時為了更惹味，還在「拌麵之汁，加雞蛋青一、二盞」，純供自己享用，五珍之外，「未嘗不可常喫麵者，麵則直吞下肚，而止咀呷其湯」，果然高明多了。

六也」。更因「精粹之物，盡在麵中」，盡可咀嚼，領略其味，此種食法，比起「尋

•「八珍麵」作法

至於八珍麵的作法就複雜多了。「雞、魚、蝦三物之肉，晒使極乾。與鮮筍、香蕈、芝麻、花椒四物，共成極細之末，和入麵中，與鮮汁（即焯筍、煮蕈或蝦之湯汁）共為八種」，當然啦！「醬、醋亦用」，不將它們列八珍之內，原因是「家常日用之物，不得名之以珍」。而在製作時，「雞、魚之肉，務取其精，稍帶肥膩者不用」，另，「鮮汁不用煮肉之湯」，目的也在忌油。之所以須如此，在於「麵性見油即散，不成片，切不成絲」。又因雞、魚、蝦三者之肉，以蝦取用最便，如平日多存其末，可備不時之需。可見製作此麵，在食材的運用上，只要存乎一心，便能揮灑自如。

隨園食色甲天下

袁枚，清代錢塘人，字子才，號簡齋，英年得第，名噪翰苑，歷知溧水、沭陽、江浦及江寧等四縣，政聲頗著。丁憂歸後，稱病不出，從此辭官歸隱，時年三十九歲。因愛金陵靈秀之氣，自得隋赫德之織造園舊址，即增榮飾觀，易名為「隨園」，並長隱於此。晚年自號倉山居士、倉山叟、隨園老人，世稱隨園先生。他有一副「自嘲」聯云：「不作高官，非無福命終緣懶；難成仙佛，愛讀詩書又戀花。」誠乃其真性情之流露。在此且先從其詩文的造詣、戀「花」的程度談起，然後切入其經營的「隨園」，以及飲食的無上成就。

關於詩，袁枚曾說：「夫情生者也。有必不可解之情，而後有必不可朽之詩。」又云：「但肯尋詩便有詩，靈犀一點是吾師。夕陽芳草尋常物，解用都是絕妙詞。」加上他認為：「詩有音節清脆，如雪竹冰絲，非人間凡響，皆因天性使然，非關學問。」因此，他極力反對以格律論詩、反對詩以載道、反對詩分時代門戶、反對以考據典故作詩。獨樹新幟，力主「性靈」之說，終而扭轉當時僵硬的詩風，且對後世的詩歌創作產生了積極的影響，不失為一代宗師。其詩亦妙，與趙翼、蔣士詮齊名，並稱為「江右三大家」。文章則崇尚嚴謹，注重有本，縱橫跌宕，自成一格。其他小說、雜著，如《隨園隨筆》、《新齊諧》（注：初名《子不語》）等，或包羅範圍廣泛，或「廣採遊心駭耳之事」，以致皆有可觀之處。

袁枚的戀「花」情節，不特在當時的封建社會，極為驚世駭俗，即使放在今日，亦屬大膽先進，勢將成為狗仔隊鎖定的對象、八卦的絕佳題材。因之有人評曰：「北紀（指紀昀，字曉嵐）重神怪（注：以《閱微草堂筆記》一書名世），南袁（即袁枚）務聲色。」而且這位多情種子，非只開放浪漫而已。如「鄉覓溫柔，不論是男是女」、「引誘良家婦女，蛾眉都拜門生」等行徑，就算置於現在的開放多元社會，這等「占人間豔福」的舉止，仍難為清議所容。因此，趙翼在〈甌北控辭〉謂其「雖曰風流班首，實乃名教罪人」，縱屬人身攻擊，但距事實不遠。

而使袁枚揚名立萬的，除才子詩文外，巴結好老師尹繼善與精心重建隨園兩者，都是重要因素。後兩者更讓他將「食、色，性也」發揚光大，致好味、好色之名，響徹雲霄。

他自己對此，亦從不避諱，大膽提出「人欲當處即是天理」的主張，其見識與勇氣，令人歎為觀止。

話說袁枚「既滿腰纏，即辭手版」後，正值「好平章肴饌之事」的尹繼善，開府江南，擔任兩江總督。袁枚出其門下，加上趣味相投，遂為座上雅客，出入督署，穿堂入室，了無禁忌，而且詩文唱和，韻句頻傳。袁枚曾至江北收稻租歸，飲於督署，酒闌更深，尚與尹府諸公子歡談，尹公便自後堂傳出一箋云：「山人在外初回家，姬必多相憶，盍早歸乎！」袁枚於是援筆題一詩於箋後，詩云：「夜深手札出深閨，勸我新歸應早回；自笑公門懶桃李，五更結子要風催。」

另，袁枚與尹繼善皆多內寵，聲氣既通，相處自然至為歡洽。師生二人，孰不拘禮，每談詩文至夜深人靜猶無倦容。子才遂以詩戲之，云：「才高湧出筆花春，韻至天然筆自新；吟至夜深公自愛，後堂恐有未眠人。」兩詩皆意有所指，不愧是「愛入花叢老少年」。

愛袁枚才華的尹繼善，非但不以為謔，反而過從更密，時相餽贈。兩人對吃均甚講究，尹常賜以美味，袁枚也用珍肴佳點回饋，並以「煮魏昭之粥」自況。（注：魏昭，字德公，為郭林宗司灑掃，一夜命其作粥，啜後怒而呵之，說：「為長者作粥，使沙不可食。」以杯擲地。昭更為之，三進三呵，略無變容。林宗乃嘆曰：「始見吾子之面，今見吾子之心矣。」）此外，他又與尹似村公子暗通消息，窺探恩師所嗜，曾詠詩道：「僕非新婦，而兄恰似小姑也。」（此取「三日入廚下，洗手作羹湯，未諳翁食性，先遣小姑嘗」之詩意。）所以，袁枚所獻之食物，頗受尹公獎飾，每有溢美之詞，袁家則闔第歡欣，主婦賀於堂前，廚娘舞於灶下，袁枚更喜形於色，自稱此較當年登金榜、上玉堂之榮，尤有過之。

正因他能拿捏掌握恩師的腸胃，並恰到好處，自然在官場上暢通無阻，得以遍嘗各府美味。像錢觀察家的「神仙肉」及芥末、雞汁拌冷海參絲，楊中丞家的「鰒（即鮑）魚豆腐」、「焦雞」、「西洋餅」，龔雲岩司馬家的「煨烏魚蛋」、「烘問政絲」，謝蘊山太

尹繼善（上）與袁枚（下）師徒兩人對吃均甚講究。

守的「煨豬里脊肉片」，包道台家的「野鴨炒梨」，高南昌太守家的「捶雞」，真定魏太守家的「蒸鴨」，楊明府家的「楊公圓」，沈觀察家的「煨黃雀」，常熟顧比部家的「湯饅」，家致華分司的「蒸鰻」，山東楊參將家的「全殼甲魚」，蔣侍郎家的豆腐及腐皮、雞腿、「蘑菇煨海參」，王太守的「八寶豆腐」，王庫官家製的乳腐，山東孔藩台家的「薄餅」，楊參戎家製「千層饅頭」，劉方伯家的月餅，陶方伯的「十景點心」，涇陽張荷塘明府家製「天然餅」、「花邊月餅」，揚州洪府粽子等，皆是其中的佼佼者，袁枚食而甘之，並將其製法載之於《隨園食單》中。

除了以上的官府菜外，口福特佳的袁枚，還嘗了一些他省的美味及商人家、市井中等美食，一一披露於其所著的食單內，比方說，郭耕禮家的「魚翅炒芽菜」，楊明府的「冬瓜燕窩」，陶太太的「煎刀魚」，湯西少宰的「煨豬肺」，滿洲的「跳神肉」，旗人的「燒小豬」，朝天宮道士的「黃芽菜煨火腿」、「芋粉團」，方輔兄家的「焦雞」，杭州商人何星舉家的「乾蒸鴨」，杭州西湖上「五柳居」的「醋摟魚」（即今西湖醋魚），程澤弓商人家製的「蟶乾」，蘇州唐氏的「炒鰉片」，程立萬家的「煎豆腐」，吳小谷廣文家的「炙茄」，盧八太爺家的「炒茄」，揚州定慧庵僧的「煨木耳」，蕪湖大庵和尚的「炒雞腿蘑菇」，揚州定慧庵僧人製的素麵，廣東官鎮台的「顛不棱」（即肉餃），蘇州都林橋的「軟香糕」，杭州北關外的「百果糕」及儀徵南門外的蕭美人點心等均是。由此亦可見其取徑之廣及饕餮成性了。

至於恩師尹繼善府中的妙品，他吃得最滿意的是在其蘇州公館吃過一次的「蜜火腿」，稱「其香隔戶便至，甘鮮異常」，且「此後不能再遇此尤物矣」。又，尹府的「家風肉」亦妙，由於製作至精，還「常以進貢」哩！

袁枚在辭官歸隱之初，便以紋銀三百兩，購自江寧織造隋赫德後人的破敗園子。此園位於南京城外的小倉山頂，由此依稀可望見雨花台、莫愁湖、冶城、明孝陵、雞鳴寺等名勝，甚富臨眺之樂，總面積達百畝左右。據歷史文獻上的記載，東晉謝安所住的「謝公墩」，唐朝李白所住的「謝家青山」，以及北宋王安石所住的「半山園」，其遺址都在這一帶。袁枚因而十分自豪，撰詩云：「死則太白妒，住乃安石墩。蒼生如予何？大笑東山東。」並將此園由隋家花園改成「隨園」，取隨遇而安之意。此名確實高雅，頗能襯托出園主人的身分及氣度，其能成功，絕非偶然。

這座四山環抱，中開異境，且「園倫委宛，占來好水好山」的「隨園」，袁枚從遷居於此，以迄亡故的四十多年中，始終銳意經營，其意境則仿杭州之西湖。西湖有內外二湖、蘇白二堤，又有南北雙峰及六橋三竺等勝景，隨園之內，彷佛見之。園中的勝景，有竹清客、牡丹巖、柳谷、柏亭、雙湖、南台、澄碧泉、回波閘、小棲霞、水精域、蔚藍天、賺山紅雪、群玉山頭、香雪海等，依山傍水，各就其特性，加以裝飾點染，以人工而巧奪天然，不讓西湖專美於前，更不同於凡姿俗豔。

每逢春秋佳日，紅男綠女，遊人如織，他亦聽其往來，全無遮攔，只有「綠淨軒」環房二十三間雅房，非相識者不能遽到，其門楹之聯云：「放鶴去尋山鳥客；任人來看四時花。」袁枚亦撰〈雜興〉一詩，描繪隨園景色，云：「造屋不嫌小，開池不嫌多；屋小不遮山，池多不妨荷。游魚長一尺，白日跳清波；知我愛荷花，未敢張網羅。」誠將栽花養魚，優游歲月，怡然自得之情，躍然紙上。

要能維持這座美輪美奐、巧奪天工的園子，並非易事，更何況「器用則檀梨文梓，雕漆鎦金；玩物則晉帖唐碑，商彜夏鼎；圖書則青田黃凍，名手雕鐫；端硯則蕉葉青花，兼名古款」，並自負此精湛修養為「大江南北富貴人家所未有」的大才子，其開銷之龐大，豈只可觀而已？為了籌錢有術，勢得精於經營，於是那「借風雅以售其貪婪，假觴詠以恣其饕餮」的能耐，便發揮得淋漓盡致，並以此播譽大江南北。

袁枚首先祭出的絕招為：「每食於某氏而飽，必使家廚往彼灶觚，執弟子之禮」，故「四十年來，頗集眾美」。而熱中飲食之道的他，便將這些「有學就者，有十分中得六七者，有僅得一二者，亦有竟失傳者。……都問其方略，集而存之，雖不甚省記，亦載某家某味，以志景行。」終於完成了《隨園食單》這部有劃時代意義的飲食論著。此即趙翼所謂的「嘗一臠之甘，必購食單仿造」。於是他一方面因此取得「美食家」的令譽，建立其在食林中的無上地位；另一方面則可藉此廣為招徠，使海內吃家，咸知其家廚割烹之妙，渴望有機會能拜會主人，並嘗鼎一臠，品味心儀的隨園珍味。

另，強調「美食不如美器」的袁枚，除了在《隨園食單》上，竭力揄揚其佳肴美點外，對用餐的情調，亦下極大的功夫。諸君試想雕梁畫棟、格調雅致的環境中，其側有歌僮美姬相陪，徵歌選舞，餐具則由各種各式的器皿，參錯有序地擺在席上，酒盞則「始而名瓷，繼而白玉，繼而犀角，繼而琉璃」。總之，盡力在耳目視聽上面，滿足貴賓的需要。如此高雅的享受，與華麗的氣派，堪稱並世無雙。難怪高官顯要及富甲一方的豪客，在親身領受後，無不詫為奇遇而歎為觀止。在他們廣為宣揚後，四方慕名之人，自然群趨而至，絡繹不絕於途。袁枚的財源也就得以源源不斷、滾滾而來。他的一些著作，如《小倉山房文集》、《小倉山房外集》、《小倉山房尺牘》、《袁太史稿》、《隨園隨筆》、《小倉山房詩集》、《隨園詩話》、《隨園詩法叢話》及《隨園食單》等，皆在園中出售，亦跟著水漲船高，銷路無遠弗屆，洛陽為之紙

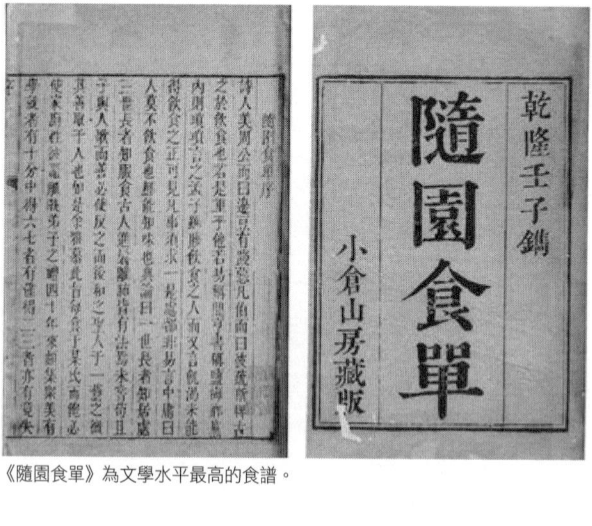

《隨園食單》為文學水平最高的食譜。

貴，儼然成為當代宗師，其經營之高明，可謂舉世無兩。

《隨園食單》確為二十世紀以前，中國寫作最成熟，且截至目前為止，文學水平最高的一本食譜，立論精闢，文字曉暢、生動、雋永。許多段落，都能獨立成文，讀來興味盎然。書中不僅有理論、有總結、有評介，且有實踐、有體會、有闡述，並雜以幽默；其運筆自如，體裁清新，毫無單調重複之虞，實為前人和後人所不及，譽其為世界烹飪文學的瑰寶和典範，絕非誇大溢美之詞。

本書的開宗明義為先天、作料、洗刷、調劑、配搭、獨用、火候、色臭、遲速、變換、器具、上菜、時節、多寡、潔淨、用芡、選用、疑似、補救、本分等二十個須知，從食物性能、時節、洗刷、搭配、用火及上菜次序等方面，精闢地闡述烹飪的基本理論，全面而周到，能切合實際。同時，又針對當時烹飪中普遍流行的弊病，提出了戒外加油、同鍋熟、耳餐、目食、穿鑿、停頓、暴殄、縱酒、火鍋、強讓、走油、落套、混濁、苟且等十四個戒。其中，除了戒外加油、戒火鍋及戒強讓與如今的情況有所不同外，其餘各戒都有一定的道理在。另，繼須知單和戒單有系統地總結中國古代烹飪技術的寶貴經驗後，書中又有海鮮、江鮮、特牲、雜牲、羽族、水族有鱗、水族無鱗、雜素菜、小菜、點心、飯粥、茶酒等十二個單元，詳細地記述了中國從十四世紀到十八世紀中葉，所流行的三百四十二種菜肴、飯點、茶酒的用料和製作方法。綜觀這些菜點，泰半為江浙兩地的傳統風味，兼及京、魯、粵、皖等地方菜及宮廷菜、官府菜等，體大思精，條理分明。

《隨園食單》成書於乾隆五十七年（一七九二年），其後多次出版，共有十多種版本。其影響至為深遠。不僅日本的《中饋錄》仿此寫成，且自一九七九年以後，陸續有日文、英文及法文等譯本，誠廚房中不可或缺的指導書。此觀之書中「潔淨須知」條所云的：「切蔥之刀，不可以切筍；搗椒之臼，不可以搗粉。聞菜抹布氣味者，由其布之不潔也；聞其菜有砧板氣者，由板之不淨也。……良廚先多磨刀，多換布，多刮板，多洗手，然後治菜。至於口吸之煙灰，頭上之汗汁，灶上之蠅蟻，鍋上之煙煤，一玷入菜中，雖絕好烹庖，如西子（即西施）蒙不潔，人皆掩鼻過之矣」，便知廚師們對操作器具及個人衛生兩者，該如何地自我要求了。此論可放諸四海而皆準。

這本曠世鉅著的《隨園食單》，絕非一蹴可幾的，許多篇章的組成，收在《隨園全集》卷二十二的書信中。例如〈答相國〉函中，即有：「飲食之道，不可以隨眾，尤不可以務名。嘗謂燕窩、海參，虛名之士也，盜他味為己味；雞、鴨、魚、豚，豪傑之材也，卓然有自立之味，各成一家。」如非深明滋味的老饕，斷說不出這麼精采的話來。而在信中，他又指出：「伏思魏文帝《典論》云：『一世長者知居處，三世長者知服食。』……《傳》說調羹之妙，衣缽難得。而易牙知味之稱，古今同嗜。」且「凡一切蒸炰、炙鶬、鴨臛、羊羹，必加去取之功」及「味濃則厭，趣淡反佳」等觀點，凡此真知灼見，可謂一針見血。

又，在〈答張觀察招飲〉函內，袁枚亦提出重要意見，像反對筵席菜肴過多，反對目食耳餐，並為晉代富豪何曾「平反」食的「冤案」等即是。他在信上說：「蒙招飲甚喜，聞多菜甚愁。南朝孔琳之曰：『所甘不過一味，而食前方丈，適口之外，皆為悅目。』斯言最有道理。……但使一席之間，羹過七簋，則雖易牙調和、伊尹割烹，其不能佳可知也。」接著又道：「工於製菜者，所用之物不過雞豬魚鴨。」不一定非得山腴水豢，才有好味道。至於對味的追求方面，他則表示：「昔何曾日食萬錢，猶嫌無下箸處，人多怪其侈。余以為世之知錢者多，知味者少，故何曾蒙此惡聲。」我想何曾若地下有知，必引他為千古唯一的知音。

另，〈戲答方甫參饋火腿〉之信裡，袁枚說：「三年出一個狀元，三年出不得一個好火腿。」而在〈答似村公子索食〉函他又拈出：「平章軟脆，判別酸鹹，油重則濡而不芳，糖多故膩而不爽」之旨。諸如此類，在在說明袁枚論列飲食之精到。故其在《隨園食單》序中所謂的「吾雖不能強天下之口與吾同嗜，而姑且推己及物。則飲食雖微，而吾於忠恕之道則已盡矣，吾何憾哉！」確為嘔心瀝血之言，設非他已「吃透透」，且潛心研究，豈能發此感慨萬千之鳴？

袁枚在世時，聲名赫奕。距隨園不到半里處，有橋名「紅土橋」。據鄉里人談稱：

「達官貴人來訪袁隨園者，至橋摒去旗仗。」可見其架子有多大了。不過，隨著他的辭世，此園終究荒蕪，「遂不能按圖（注：指清人袁竹畦所繪的〈隨園圖〉）而考其蹟」。然而他的詩文，尤其是飲食方面，長在人心，影響深遠，勢必在繼往之後，開璀璨光明的未來。人而如此，當謂不朽。

醒園才子常珍味

號稱「百菜百味，一菜一格」的川菜，其能在中國所謂的八大菜系中，最能突出其地域色彩，實得自外地的影響。其中，對其發展、提升與完善，起了重大促進作用者，則是清乾隆年間，父子倆進士共同完成的《醒園錄》一書。

這對父子為李化楠及李調元。李化楠先於乾隆七年考上進士，曾任浙江餘姚、秀水等地縣令。其子李調元字羹堂、贊庵、鶴洲，號雨村、童山蠢翁。乃有清一代著名的文學家、戲曲理論家、飲食烹飪藝術家。不過，這位自稱蠢翁者，卻是有名的蜀中才子。他在乾隆二十八年中進士後，即授翰院編修，由吏部主事遷考功司員外郎，歷任廣東學政、直隸通永道等官職，亦曾放江南主考。一生趣事軼聞甚多，至今仍為人們所津津樂道。

五歲入塾，七歲能吟，號稱「神童」的李調元，才思敏捷，博學多聞。當他出任江南主考時，因江南向為人文薈萃之地，人才輩出，士子們對這位來自蜀中的主考官，自不放在眼裡，意存輕視。李調元於是別出心裁，未將試題寫在紙上，而是用許多木材，將闈場的轅門塞起來，並令一小娃擊鼓，口宣考試開始。腦筋轉得快的，便知考題乃出自《論語》的「邦君樹塞門」、「小子鳴鼓而攻之」，遂執筆為文，從容應答，而那些搞不清狀況的，還癡癡地等主考官出題，竟因此交了白卷。此舉自然引起非議，有位考生藉機調侃主考大人，便在其試卷上，出了一則上聯，云：「四川老棕，頭大幹高，根基淺。」由於「棕」、「宗」同音（注：主考官一稱宗師），頗含譏誚之意。待李調元閱到這份卷子時，立刻提筆寫了下聯，云：「江南嫩筍，嘴尖皮薄，肚內空。」暗批此士子年輕無知，正因文字工整，含義貼切，馬上傳遍遠近。

待秋闈結束後，許多江南文士選在「張家樓」設宴，款待這位主考官，席間便有人請李調元賦詩，想試試他的才華。但見他老兄以「張家樓」為題，隨手寫著：「來在『張家樓』上頭」，圍觀的士人看到起頭的第一句像三歲孩童講的話，不但毫無詩意，而且格調卑庸，不禁鄙夷冷笑。李調元抬頭看周遭人的反應後，覺得捉弄夠了，乃握管繼續寫道：「目空四海氣橫秋，不是巫山雲雨隔，看破江南十二州。」及至寫出二、三、四句後，其口氣之大，氣勢之雄偉，令在場的人士為之心折，稱讚不已。

宴罷，李調元即要登舟返京，那些文士都去江邊送行。臨行之際，他發表這次主考的感想說：「別人都說江南人文薈萃，文風甚熾，但我此番來到江南，卻覺言過其實，……」說到此處，眾人皆不以為然，有人即指出歷代名家，並舉自清開國以來，江南中狀元人數最多之例，予以反駁。李調元回說：「你們所說的這些，只是僥倖有成就而已，其餘衮衮諸公，只算認識幾個字罷了，談不上文采斐然。而且此地很多文士，不但不會作詩，連聽詩照寫也不會哩！」此言一出，大家更不服氣，要他當場一試。於是李調元便說以此舟為題，請各位聽後即寫，等一干文士拿出紙筆後，他即吟詩一首：「凹凸一隻舟，ㄇㄕ水上浮，乒乓三橈片，呵喝下揚州。」他用的是四川方言，凹（音ㄧㄝ）凸（音ㄅㄢ）ㄇ（音ㄐㄧ）ㄕ（音ㄖㄚ）乒（音ㄆㄧ）乓（音ㄅㄚ）等川音，江南人根本不懂，

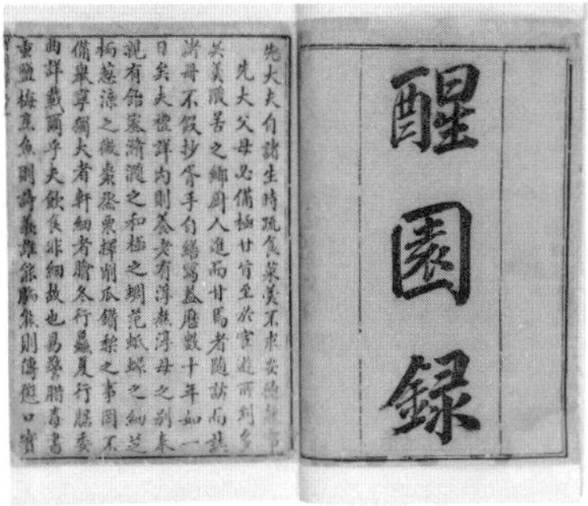

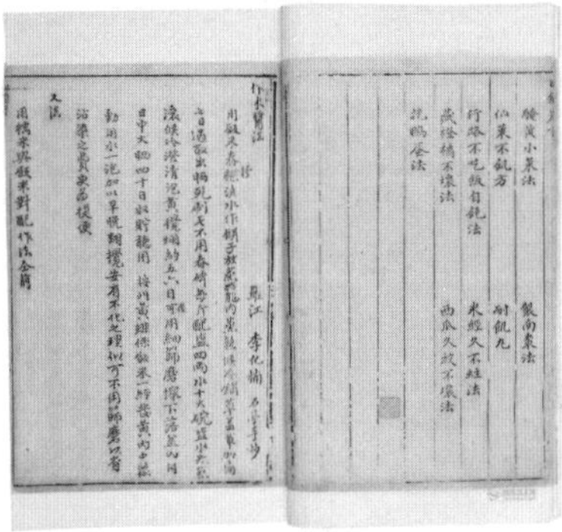

上、中：李氏父子共同完成《醒園錄》。
下：李調元畫像。

且有些字，更一時無法想出來，只見有的人勉強寫出頭一句，有的人把每句詩的下三字寫出來，其餘則無從落筆。李調元見狀，催眾人快寫，船就要開了。又等一會兒，仍無人寫全。他便提起筆來，寫下這一首詩，隨即登上小舟，洋洋自得而去。眾文士則悻悻然歸。

另有一次，一位頗負眾望的鄉紳過六十大壽，參加者皆當地俊彥，有名於時之流，冠帶入時，風華絕倫。李調元正巧路過，為好奇心所驅使，也趕去瞧瞧熱鬧。他身著藍布大褂，進入宴會廳內，自然無人搭理。當他步經主桌時，毫不客氣坐在首位。所有的客人望之不悅，認為這個位子應由年高德劭者入坐，卻給這鄉巴佬一屁股給坐了，於是想整整他，出出洋相。當下就有人說：「我們這裡的規矩，凡是坐首位的人，是要吟詩祝壽的。」硬要李調元寫祝壽詩。但見他好整以暇，即席寫了「花甲重算起，眼觀四代孫」這兩句，便向大家說：「請各位續完此詩。」眾人見其詩格甚高，字體俊秀，已知此老學養功深，皆不敢冒昧行事，請其繼續完成。李調元乃接著寫道：「遊學到此地，文星拜壽星。」即放下筆來。圍觀者請他落款，他說：「題雙款還是單款？」眾賓客說，贈壽星當然是題雙款。他寫了上款後，又說：「這首詩也太平常，下款還是省了吧！」客人一再促駕，他乃再度提筆，寫著：「江南大主考李調元題賀」，舉座無不驚詫，方知此老就是鼎鼎有名的李才子，連忙拜倒，聲稱失禮。他則於回禮後，軒然離去。

又，據夢生齋云：李調元出任廣東學政，途經湖南。湖南巡撫特在洞庭湖畔為其洗塵接風。席間，一候補道想在巡撫前賣弄文采，就席前施禮道：「學政大人，久聞蜀水巴山詩人輩出，才子雲集，不惟能詩善文，而且專於趣對，不才想藉今日盛宴，求教於李大人，取樂撫台和席上諸公，不知大人肯不吝賜教否？」

巡撫曉得此候補道肚中確有墨水，加上素聞李調元才名，但未睹其真才實學，今且讓此屬下一試，於是捋鬚微笑，由其湊趣邀戰。李調元含笑道：「學生才疏學淺，礙於盛情難卻，只好班門弄斧，冒昧獻醜之處，還祈諸公海涵。」該候補道見巡撫大人暗許，又自恃自幼善對，朗聲吟出上聯：「洞庭湖八百里，波滾滾，浪滔滔，大人由何而來？」上聯一出，巡撫面帶喜色，舉座交口稱讚，無不認為此上聯既有地方特色，又富詼諧，定奪優勢。不料李調元不假思索，一口飲盡杯中酒，隨即對出下聯，云：「巫山峽十二峰，雲靄靄，霧騰騰，老子從天以降。」吟罷並說，為了對仗工整，實有放肆之處，懇請撫台見諒。

巡撫見其如此神速即對出下聯，亦為之喝采，要敬他一杯。該候補道仍不氣餒，立刻又出一聯，云：「四維羅夕夕多，羅漢請觀音，客少主人多。」此聯刁鑽古怪，眾人均覺不易應對，那知李調元隨口吟出：「弓長張隻隻雙，張生戲紅娘，男單女成雙。」由於對仗工整，針鋒相對，且意在弦外，候補道頓時瞠目結舌，巡撫亦怪其多此一舉。可是候補道並不罷休，信手摘下一李，扔在洞庭湖中，笑著再出上聯：「李打鯉，鯉沉底，鯉沉李浮。」並謂：「學政大人，此聯敘眼前之景，抒胸中之情，下聯若能對出，某當甘拜下風，永世不再自滿。」當時正值仲夏，瓜花競放盛開，蜜蜂飛進飛出，李調元觀此景後，心有靈犀，續吟下聯：「風吹蜂，蜂撲地，風息蜂飛。」此聯一出，眾皆喝采。那位候補道方知天外有天，從此無心仕途，歸家習文養蜂，傳為文壇趣事。

其實，澹泊宦場，留心學問的李調元，其飲食是有家學淵源的。其父李化楠還是個秀才時，就遵循「君子食無求飽，居無求安」的古訓，在飲食方面力求簡樸，吃的多半是「蔬食菜羹」之類，但對父母的奉養，必「備極甘旨」，以後他擔任縣令時，「多吳羹酸苦之鄉」（即江南、浙江一帶）。只要是廚師所上的菜，食之而覺味美，他必拜訪他們，寫下烹調方法，絕不假手幕僚，「數十年如一日」，正因為如此，他留下了大量吳越飲食的第一手資料，供其子潛心鑽研。

剛直不阿的李調元，後來得罪權貴，發往伊犁充軍，過了一段時日，其母親年老，始得釋歸故里，從此隱居「醒園」（李氏父子家中的庭園）。日後他以吟詩作文、著書立說為樂，主要著作有《童山全集》、《雨村曲話》、《雨山劇話》等，並輯有《全五代詩》、《函海》及民歌集《粵風》等，對戲曲理論及飲食烹飪二者，均有極大貢獻，影響堪稱深遠。

當他在編輯《函海》（共四十函）時，尋出父親宦遊江浙所蒐集到的飲食資料，再加上四川民間食品加工釀造等法，整理編成《醒園錄》一書，收入《函海》叢書之中，刻行於世，功在食林。

《醒園錄》分上下兩卷，共收錄一百二十一則關於調味品、菜肴、糕點、小吃製法及食物貯藏法。書中所收菜點，以江南風味為主，亦有四川當地風味，還有少數北方風味及西洋品種。所錄菜肴的製法詳細簡明，尤以山珍海味類最有特色。著名者有食鹿尾法、煮燕窩法、食熊掌法、煮鮑魚法、煮魚翅法、煮鹿筋法、製火腿醬法、製糟魚法、製醉魚法等。糕餅的製法亦有特色，名品有蒸茯苓糕法、鬆糕法、做滿洲餑餑法、做米粉菜包法等。另，書中所記醃製蔬菜的品種甚多，此乃四川的泡菜，之所以會風行一世、有名於時的主因之一。又，本書教人如何保存貯藏食品之法，頗有參考價值。如食米常為蟲蛀，加蟹殼一個即免。他如魚肉耐久法、醬不生蟲法、做醬諸忌、夏天熟物不臭法、西瓜久放不壞法、藏橙桔不壞法等，均為經驗之談。早年無冰箱可資運用，人們可由此書得益匪淺。

此外，在著書立說之餘，他也留心於飲食，寫下了不少關於重常珍、重傳統、重民間烹飪的一些詩文。如在〈續修族譜序〉中說：「一飲一食，務稟先型」，意即不應拋棄老祖宗遺留下來的飲食傳統，前人的烹飪成果，仍有必要繼承發揚。〈唾餘新拾序〉又言：「每啟一緘，似啜侯鯖。日事咀嚼，而後知常珍之多在散奇也。」他還引漢儒揚雄說過的「棄常珍而嗜異饌者，惡者見其識味也」這句話，奉勸世人不要在飲食上獵奇尋異。畢竟，最好吃的還是常珍（即日常食材），懂得此中味，才是識味人。

李調元本人甚愛民間質樸的肴饌。比方說，〈入山〉一詩所記的「父老知我至，招呼相逢迎」，「烹雞冠爪具，蒸豚椒薑并」，即對四川鄉間的燉全雞和椒薑蒸的豬肉等民間風味，有著濃厚的興趣。〈題青社酒樓〉詩云：「小橋斜枕碧溪流，新柳依依蘸小溝。斑竹筍香供夏饌，來年麥老當秋收。」詩裡的斑竹，乃川人對青竹的稱呼，所產之筍尤佳，夏季供饌甚宜。另，他亦喜食川中盛產的芋頭，曾作〈食芋贈陳君章〉一詩誇讚。云：「栽樹多栽柳，可作析薪具。種蔬多種芋，可作凶年備。岷山多蹲鴟，陳家專其利。十畝白沙乾，萬葉青枝翠。攜廚斫待客，撥火煨相饋。氣作龍涎香，色過牛乳膩。」短短的一首小詩，竟把《史記》卓王孫的故事，唐懶殘和尚以牛糞煨芋贈李泌的故事，宋蘇東坡與第三子蘇過烹調及品嘗「玉糝羹」的故事，全都寫上了，真不愧是老饕的大手筆。

這位蜀中才子另有寫花生、鱉裙、雪蛆、魔芋（即蒟蒻）等多種飲食題材的詩賦。然而，他個人最鍾情的，還是豆腐及其相關製品。曾寫了一組《豆腐》詩，敘述和讚美各種豆腐製品的肴饌。其開端為，吃豆腐是一件令人愉快的賞心樂事，云：「諸儒底事口懸河，總為誇張豆諸磨。馮異（東漢的「大樹將軍」，平定四川）蕪蔞嗤卒辦，石崇（西晉第一富豪）齏韭笑調和。挏來鹽鹵醍醐膩，濾出絲羅湩液多。富貴何時須作樂，南山試問落萁公。」此組詩的後幾首，則對豆腐皮、豆腐乾、豆腐乳等大眾食品，作了形象上的描繪，具體而生動。如言豆腐皮為「石膏化後濃於酪，水沫挑成縐似衣」；豆腐條為「剁作銀條垂縷滑」，豆腐塊是「劃為玉段截肪肥」；五香豆腐乾則香似龍涎，「聞香無處辨龍涎」；白水豆腐之味醇厚，「市中白水常成醉」；清油豆腐為寺僧所喜，「寺裡清油不礙禪」；至於豆腐乳更讓人覺得「逐臭有時入鮑肆」。而如此眾多的豆腐肴饌，其味之美，則「不須玉豆與金籩，味比佳肴盡可捐」。簡單幾句，諧詼風趣，誠有畫龍點睛之妙。

話說回來，李調元的口福，多得力於其家廚阿興。他在〈五月初一日同墨庄遊醒園〉一詩中的「何人具雞黍，日暮舉酒燕（即宴）。吾家有阿興，烹炮能亦擅」之句，便反映出此一事實。事實上，假使沒有廚藝超群的師傅為其服務，老饕又如何能一膏饞吻呢？

又，李調元在《醒園錄》的序中寫道：「在昔，賈思勰之《要術》，遍及齊民。近即，劉青田（即劉基）之《多能》，豈真鄙事？《茶經》、《酒譜》，足解羈愁。鹿尾、蟹蝑，恨不同載。夫豈好事，蓋亦有意存焉。」說明了《齊民要術》、《多能鄙事》、《茶經》、《酒譜》這些飲食名著的作者，並非好事之徒，而是保存了珍貴的文化史料，他只是繼武前人，將父親的遺著，整理並付梓問世。他的這一舉措，實為後人研究清代乾隆年間，江南及四川飲食烹飪，提供了重要的原始資料，並影響川菜的發展達一世紀以上，他且因此而著譽食林。這種結局，應是大才子在發憤著述之前，從未想到的意外收穫吧！

•「鳳凰蛋」典故

凡遇宴席場合，李調元皆能發揮才學，博得美名。而他一生最得意的一次，則是在皇帝面前巧製美味，贏得乾隆的歡心，與百官的讚美，大大地露上一臉。

相傳有年除夕，乾隆召李調元入宮論文賦詩。而在談論的當兒，乾隆無意得知李調元精於烹飪，心裡十分好奇，有意翻新花樣，令其在新春一顯身手，燒道佳肴給朝臣品味。調元便請皇帝點菜，乾隆見他全無懼色，略思片刻，即對他說：「朕自親政以來，嘗盡山珍海味，愛卿就烹個『鳳凰蛋』吧！」調元知皇上有意為難他，但又不好直說，想了想便答應下來。

原來李調元任江南主考時，曾嘗過「江南家宴」中的名菜「煮大鵬蛋」（注：原名「大鵬卵」，首見於宋人周密的《齊東野語》，由其外公文莊章命廚師製作而成），味道特殊，印象深刻，而為了更勝一籌，他整夜尋思另加新穎食材。

翌日一早，李調元來到御膳房，索取一個豬小肚和鵝蛋、鴨蛋、雞蛋、鵪鶉蛋各十枚以及各式味料。他先洗淨豬小肚，除去尿騷味，灌足了氣，接著風乾。然後將鵝蛋、鴨蛋、雞蛋、鵪鶉蛋分別打入豬小肚內，酌加各式佐配味料（火腿粒、香菇丁、蝦仁、肉丁等，加紹酒調味），再把豬小肚封口，以繩縛住，吊入水井裡打轉，務使大小不一的蛋黃自然散開，聚攏在蛋清之中，而其佐配料等，亦隨之分布於蛋間。之後，李調元即自井水中取出豬小肚，並用柴火以上湯煮透。

經烹熟後的豬小肚，整個晶瑩剔透，其內有不同色澤的細紋密布，宛如一個特大號的蛋，遂從上意，美其名為「鳳凰蛋」。

年初一晚上，乾隆大宴群臣，當內侍將此蛋帶湯端上主桌時，李調元即親操刀俎，將蛋細切成片。此際，只見蛋心色彩繽紛，華美亮麗。他順勢將第一片呈給皇帝，並說：「微臣不才，當眾獻醜，恭請皇上品味。」乾隆送入口中，頓覺得清香撲鼻，仔細咀嚼其味，更覺適口充腸，他連嘗兩塊後，賜予百官試味，無不歡聲叫好，氣氛熱鬧異常。

梨園中的知味人

所謂梨園，按《唐書・禮樂志》的說法為：「明皇既知音律，又酷愛法曲，選坐部伎子弟三百，教於梨園，號皇帝梨園弟子；宮女數百，亦稱梨園弟子。」後世就稱演戲的場所或戲班子為「梨園」，戲子（即演員）為「梨園弟子」。現則泛指音樂及影劇界人士，如果擴充解釋，甚至包括編劇、劇務、經紀人與其秘書等等。

當然囉！從古至今的演藝圈子裡，不乏知味識味之人。其中最有名的，首推明末清初的李漁（注：其事蹟已寫在〈超級品味李笠翁〉一文中），其次則是名伶梅蘭芳的秘書，著有《藝壇漫錄》等書的許姬傳。

據我個人的了解，梨園中的食家，應以湯顯祖為鼻祖。

湯顯祖字義仍，號海若、若士、清遠道人，明代江西臨川人。出身書香門第，自幼博覽群書，刻苦攻讀。神宗萬曆十一年中進士，官至南京主事。後因批評時政，不為當道所容，被貶為典史，再升任知縣。萬曆十六年棄官歸里，居「玉茗堂」中，專心著述，寫成《牡丹亭》、《南柯記》、《邯鄲記》三部傳奇。時人於是將先前寫就的《紫釵記》合在一起，統稱《玉茗堂四夢》，或《臨川四夢》。這當中，最膾炙人口的，乃又名《還魂記》的《牡丹亭》。

深知情之三昧，能看透情之一切的湯顯祖，其之於情，實不止是一般泛泛的才子佳人而已，故能扣人心弦，感人至深，把「世間只有情難訴」的情，寫到鞭辟入裡，絲絲入扣，其絕代的才華，令人歎為觀止。

湖北省的沙市，自來即是戲劇之鄉。當湯顯祖的傳奇在此上演時，台下萬頭攢動，聽得如醉如癡。一連幾個晚上，滿街淨是優美的琵琶聲，所演奏的，全是《牡丹亭》的曲調，湯顯祖聽了很是感慨，對那「問世間情是何物？直教生死相許」的體認，似更深了一層。

一日，沙市的仕紳設宴款待。席間佳肴無數，道道清香撲鼻，都是湯顯祖從未嘗過的荊州風味。加上又有戲子在桌旁演唱《牡丹亭》

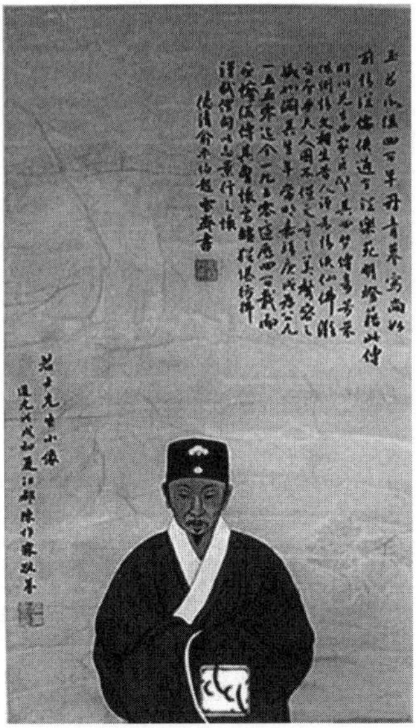

梨園中的食家，湯顯祖為鼻祖。

助興，並用琵琶伴奏，曲曲優雅動聽。在不知不覺中，最後一道菜悄然上桌，原來是一盤炸全雞。湯顯祖見其色呈金黃、香氣誘人，不禁暗中叫好。一經品嘗之後，外酥裡嫩，滋味果然不凡，不免拍案叫絕。忙問此為何菜？東道主便說：「此菜叫『鐵扒雞』，據說始於唐代，以其雞爪炸枯如鐵耙而得名。」湯顯祖見此雞形似琵琶，恰與席前的琵琶聲相應和，馬上提議將「鐵扒雞」改為「琵琶雞」，舉座無不稱妙，從此之後，「琵琶雞」就在民間流傳開來。

姑不論此傳說是否為真，但沙市著名的餐廳「八景酒樓」倒是出了一個漢劇大師，卻是個不爭的事實。

話說沙市在清宣宗道光年間，咸寧人余四方在此專賣「早湯麵」，由於製作精細、用料考究、配料齊全、湯汁濃醇，故能名揚全市，進而大發利市，乃擴大營業，開了一家「八景酒樓」，增添各式各樣的美味，生意愈做愈旺。

沙市一如既往，仍是戲班重鎮，戲台林立，百戲雜陳，群英雲集。那些紅牌藝人，常聚在「八景酒樓」用餐。余四方那稟性聰慧、酷愛戲曲的兒子余洪元便優游於優伶之間，得向各路高手們討教，耳濡目染，久受薰陶，漸成氣候。無奈好景不常，當他十七歲時，余四方因病不起，家道隨之中落，幸好余四方生性好客，許多戲劇界人士，都曾受其熱情款待，身無長技的余洪元，於是透過父執輩的引薦，正式拜漢劇號稱「一末正宗」的胡雙喜為師，正式下海。就在胡雙喜精心調教下，終成一代名家，博得「一末泰斗」、「漢劇大王」的令譽，不僅名冠三楚，而且譽滿京滬。

雖無證據顯示余洪元精於食事，但他從小在父親的庇蔭下，享受過一些美味，進而知味識味，應有脈絡可循。

清末京劇大放異彩，精於飲饌或口有偏嗜的名伶甚多，像馬連良、王長林、荀慧生、程硯秋、姜紋、梅蘭芳等，均是其中的佼佼者，在此且寫些一鱗半爪，聊供追憶。

馬連良為清真徒，以頭腦新穎、便捷善辯著稱，入息極豐，講究排場。由於他好吃懂吃，故與山東館的湯（注：魯人善熬湯，最擅奶湯，乃日本上湯之淵源，滋味之佳，不在粵人高湯之下）並稱，遂有「馬連良的腔，山東館的湯」之諺。

若提起馬氏的最愛，必以北京前門外教門館「兩益軒」的「炸烹蝦段」為首選。此菜用的是對蝦（即明蝦，又稱大蝦，因過去市場上常煮熟以「一對」計價出售，且漁民亦按對計算數量，故名。渤海產者尤美，個頭肥大，肉質白嫩，鮮香兩勝），每屆其盛產期，他必邀友同往，大快朵頤一番。且點此菜時，必特別關照，用八寸盤盛，俟吃盡一盤，再叫一盤，有時心血來潮，連續吃它個四五盤才甘罷休。但有個先決條件，務須分盤分炒。其原因無他，因「炸烹蝦段」的祕訣在快炸烹透，如果一次十對、八對大蝦用鍋炸，則蝦肉老嫩不一，且不入味，以致風味大失，難入馬方家的法眼了。

四大名旦皆是知味人。前排程硯秋，後排右起荀慧生、梅蘭芳、尚小雲。

馬在華北偽政權時，曾組團赴滿洲國首府長春市參加某項慶典，故抗戰勝利後，就被列名漢奸。為怕遭人清算，他除暗中找門路、託人說項外，表面上謝絕演唱，裝一副避門思過狀。另方面則將「西來順」頭灶滿巴，延為特約廚師，每晚灶上熄火，即去馬家承應，準備供應消夜。當時各路饕客，無不以一嘗其消夜為無上口福。正因製作精緻，故其「雞肉水餃」、「鵝油方譜」、「炸假羊尾」等，皆是上上之選，馬連良亦因此而得個「馬大舌頭」之渾名矣。

武丑出身的王長林愛煞「臭豆腐」，不論誰家所製，發酵是否到家？味道是否純正？他只要一送嘴，即能定其優劣，並說出個所以然來。據他指出，設在宣武城外西草場鐵門的「王致和」當推第一，傳說他本人亦別具巧思。能燒出一桌「臭豆腐席」，且不管真相如何，十年前曾在台北流行好一陣子的「臭豆腐全餐」，應以此為濫觴。

荀慧生與程硯秋、梅蘭芳、尚小雲四人均拜王瑤臻（注：藝名瑤卿）門下，有「四大名旦」之稱。荀號留香館主，住在西單附近的白廟胡同。每回陳墨香給他排新戲，兩人說到累了，必攜酒到「長安大餐廳」，點兩份招牌的「罐燜乳鴿」或雞，解解饞，歇歇乏。此乳鴿以蒜重乳香濃烈、色潤汁醇味厚、鴿肉酥融欲化而名聞遐邇，二老以此就著店家薄且脆的印度麵餅吃，想必其樂融融。

姜紋字妙香，行六，以其為人方正，同行譽之為「姜聖人」。他出身於百順胡同「雲龢堂」，該堂向以烹調精美而膾炙人口，姜生斯長斯，固吃過看過之飲食行家也。不過，他對魚翅、燕窩等高檔海味興趣缺缺，偏愛清真口味的「爆肚」。所謂「爆肚」是把羊肚或牛肚按不同的部位分割切片（條）後，用沸水爆熟，蘸著芝麻醬、蒜醬等調料而食的一種小吃，適合佐白乾品享。此羊肚可分肚葫蘆、肚蘑菇、肚散丹、肚板、肚領、肚仁等七種；而牛肚只有蘑菇尖、肚仁、肚散丹等三部位可以爆吃。「爆羊肚」之味尤美，清鮮嫩脆，滋味醇厚不膩。

當時北京，以東安市場「潤明樓」前空地的「老王爆肚攤」手藝最拔尖。「姜聖人」只要「吉祥園」有戲，必到老王處飽餐一頓（注：切好部位後，蘸著作料吃，打二兩二鍋頭，再來兩個麻醬燒餅），並謂消痰化氣，無逾於此。

藝絕一時，謙虛謹慎，平易近人的京劇大師梅蘭芳，紅遍大江南北，博得「仙姿香領群芳」的美譽。當他到日本演出《天女散花》一劇時，由於嗓音甜潤清脆，唱腔爐火純青，扮相英挺秀美，舞步優雅生動，立

姜紋最愛「爆肚」。

刻風靡東瀛，日本戲劇界群相仿效，稱之為「梅舞」或「散花舞」。

祖籍江蘇泰縣梅家堰，在北京出生的梅蘭芳，自成名後，長年住在北京的「綴玉軒」。他雖因交遊廣闊而遍嘗山珍海味，但其家居飲食務求清淡，實與其專業息息相關。既不能吃脂肪多的食物，以免身材走樣，亦不宜吃煎、炸及辛辣的食品，生怕影響嗓子。故其飲食口味，偏重南方佳肴。一般而言，他與較為契合之友朋相聚，不是城外的「春華樓」，即是城裡的「玉華台」。這兩家口味，皆近於淮揚。若遇知交小敘，必趨位於陝西巷的小館「恩承居」。

「恩承居」位於花柳叢中，是五六個座頭小屋，櫃上自承為粵菜館，以善烹「善才童子」（注：「善」即「藥芹炒鱔魚片」，「才」是「口蘑柴魚湯」，「童子」則是「蠔油滑子雞球」）播譽四方。其實，它有幾道比起「致美齋」、「濟南春」亦不遑多讓的拿手菜，係畫家金拱北的少君，親自入廚調教出來的，因其味諳南北、食兼東西，故別名「小六國飯店」。

據飲饌方家唐魯孫的說法，梅每至「恩承居」必點「鴨油素炒豌豆苗」及「蠔油鱔背」二味。前者只「用豆苗嫩尖，翠綠一盤，腴潤而不見油，入口清醇香嫩，不滯不膩，允為蔬食雋品」，後者蠔油出自香山（今廣東中山）所製極品，「所用鱔魚，亦必粗細相等，……剔選切片，炒出上桌，鱔肉老嫩一致，不會有一塊肉粗，一塊肉嫩情形」。日子久了，跑堂知梅蘭芳嗜此二味，一見梅來，不等叫菜，即招呼灶上備料上菜，並列為敬菜。梅一向為保護那「金」嗓子，絕不飲酒，除了品茗，就是飲花旗參水。此時則破例飲些「同仁堂」的茵陳酒。因酒與豆苗兩樣皆色碧泛綠，所以詩人黃秋岳表示，用此菜配此酒，可稱為「翡翠雙絕」。

梅曾譬喻燒菜如演戲，是一種藝術，把菜燒好，工序繁多，絕不簡單，因此只要一嘗到美味，即有謝廚習慣，此情形正如戲迷鼓掌一般。他亦因有此一習性，遂得以盡嘗名廚孟德鑫的拿手炒饌。

原來二十世紀五〇年代，梅率團赴安徽淮南演出。他在進膳時，發現桌上有豆腐多品，盤盤皆可口，為別處所罕見。他食罷即入廚，親向主廚致謝。孟氏得梅嘉獎，更是卯足全勁，每日數款豆腐，非但天天不同，而且將淮南境內聞名全中國的「八公山豆腐」（注：此豆腐潔白如玉，嫩滑如脂）極盡烹飪變化能事，或涼拌，或清燉，或煎炙，或紅燒，而且還有「魚頭豆腐」、「三蝦豆腐」、「無瑕千張」、「乳汁豆腦」等精采肴點。梅蘭芳自然大讚其廚藝高超，每天食畢必謝廚，並且贈送戲票，直到全程演完，率團赴蚌埠市乃止。

八年抗戰伊始，中國沿海大城泰半淪陷，上海僅餘租界，汪偽政權為點綴昇平，常邀請名伶演戲。梅為免無謂困擾，舉家遷往香港，住在干德道，蓄鬚明志，堅拒演出。這段時間，香港繁華依舊，不少大亨避難此間。梅蘭芳每日繪畫，或鬻求畫者，或自娛消遣。有暇便陪同家人赴新界遊玩，並享用香港美食。其中，最令他印象深刻的點心乃老店「蓮香樓」的「老婆餅」，食罷還親題「茶食泰斗」相贈。梅蘭芳的口福真是不錯。他的世交兼摯友祕書許姬傳家中的「許家菜」、「許家酒」，可是常人等閒不易嘗到的美味哩！

許姬傳原籍蘇州，祖父許子頌為清代大儒俞樾（曲園）的門生，故許家長期居住於杭州。許老晚年以吟詩為遣，他與乃師曲園先生一樣，講究肴饌，並善品紹興酒。妻朱氏則燒得好菜，奠定許家菜的根基。由於她和姬傳之母徐氏，以及四嬸都是宜興人，故早期的家常菜都有宜興風味。徐氏日後更汲取各地口味，形成「許家菜」的特有風格，琳琅滿目，妙不可言。因此，姬傳之父許冠英每回請客（注：來賓有馮幼偉、沈昆三、許超侯、李擇一、沈京似、梅蘭芳等），都由徐氏做菜，通常要籌備一個星期。先奉的八個涼碟，如風捲殘雲，一掃而光，接下來的各式各樣好菜，下場也好不到哪裡去。

每在年前祭灶當日，許母徐氏便會將做好的點心分送親友，梅蘭芳亦不例外，也會分到他愛吃的「山雞黃豆」、「素鵝」和粽子。因此，大年初二他到許府拜年時，便向徐氏說：「您送我的『山雞黃豆』、『素鵝』、粽子，我很愛吃，我放在冰箱裡慢慢吃。」又說：「您裹的豆沙、棗泥、鮮肉粽子，餡大、江米（即糯米）爛，真可口。」然後，就遞個一百元的大紅包給徐氏，說：「一點小意思，您留著零花。」徐氏道謝後，即令傭婦陳媽端出春捲、粽子、棗糕（注：內餡為玫瑰花、松子仁、白糖、豬油）及江米製成的蛋糕，梅則每樣都嘗一點，再告辭賦歸。

而在許家菜中，極為饕客們稱道的八只涼碟，共有二十幾種花色，以高腳瓷盤托出，葷素均有，依季節供應。最常出現者有「山雞黃豆」（注：朱太夫人的傳家菜）、「素鵝」（學自杭州的尼姑庵）、「豆腐鬆」、「烤筍」、「雞瓜丁」、「熏黃魚」、「鹵鴨」、「熗蚶子」等。大菜則以「蜜汁火腿」、「紅燒魚唇」等為主，吃過的食客甚為推崇，認為其味並不亞於沈府及李府燒的頂級魚翅。

許姬傳對肴饌講究，善品酒。

許姬傳當年在上海時，曾一個星期吃過五次魚翅，就他記憶所及，父執輩的食家們家中燒出來的魚翅，以沈昆三家的最出名，大碗盛，帶湯，是福建作法，純用文火，端上桌來，不見配料。另，李擇一家的作法亦有名，起先與沈家相似，後改為「乾燒魚翅」，用平底鍋燉，堅持火候，絕不菜等人。有回他請國民黨高幹吳某吃飯，約定七點半入席，屆時吳尚未至，他就下令：「把魚翅拿上來。」剛吃到一半，吳匆匆趕至，李擇一便說：「我專誠請你，可惜魚翅不能等你，你只好吃些殘肴吧！」

當時吃魚翅，講究吃「呂宋黃」，上貨十二元八角銀元一斤，三斤魚翅連配料要花個四、五十元，魚唇一頓用一張，價僅十元。能將下駟燒到與上駟不分軒輊，許母徐氏燒菜的功力，由此即可見一斑了。

又，許家菜中的桃花菌、雁來菌與「賽螃蟹」，均是珍品。像每年宜興的親戚會從水路送來大罈的春季桃花菌及秋季雁來菌。家裡的姑嫂妯娌便用醬油熬成菌油，鮮到極點。許家每屆大閘蟹產季，食罷陽澄湖的頂級鮮蟹後，必用菌油下碗麵吃。他們認為貝介類裡最鮮的湖蟹，只有宜興的菌油，才能與之匹敵，其考究竟至此。而山東館的「賽螃蟹」，本是許家的家常菜，名「蟹糊」。係將鮮魚先去骨刺，再和雞蛋燴成泥狀，接著加香菜即成。此菜之所以流行北地，應是許姬傳四嬸的本家任鳳苞（時任交通銀行協理）傳出去的，目前台灣的一些餐館，尚可嘗到此菜。

許姬傳的二叔許友皋亦講究飲饌，只要在外頭嘗到美味，回來就要二嬸仿製，須做到味勝本尊，才能令他滿意。他曾對許姬傳說：「菜要清而腴，忌濃油赤醬，選料很重要，杭州的魚、蝦、筍，紹興的九斤黃（母雞），福建的紅糟、醬油，都能使菜味生色，但使用這些東西，要各盡其材，例如紹興九斤黃，可選一部分炒雞丁，其餘做白斬雞，蘸好醬油，如紅燒就可惜了。」友皋先生除精吃外，亦是品酒權威，其品黃酒標準，大致上為「苦為上，酸次之，甜為下品」。酒棧到了一批酒，老闆必送樣品請他品嘗，只要許二先生說聲「好」，這批酒馬上搶購一空。「許家酒」之大名，因而不脛而走，遐邇盡知。

此外，許姬傳曾撰〈家庖漫述〉一文，將他家的絕活「素燒鵝」、「山雞黃豆」、粽子及桃花菌、雁來菌醬油的作法詳細披露出來，極具借鑒價值。末了並撰詩一首，云：「家肴尚軟娛重闈，南味由來石蜜依。蒸炙素鵝禪啟嘗，燜燉錦羽是催肥。鮮菰黏糯黍形美，秋雁春桃菌植稀，菽乳羹杳真摯溢，遺編精槧永清徽。」

我偶爾會看到外國藝人們，紛紛去深坑吃豆腐及吃「鼎泰豐」小籠包後，連聲讚好的報導，心中不禁感慨萬千，這些遠來客，豈識真滋味？每思及此，益對梨園中懂吃的前輩們致上崇高的敬意，以上所述的蛛絲馬跡，誠不足以曲盡其美，但也可以從此略諳其梗概了。

•「蜜汁火腿」、「紅燒魚唇」作法

許家菜中的「蜜汁火腿」，徐超侯食罷，讚不絕口，詢以作法，原來是「選一塊中腰峰，把一塊火腿皮墊在火腿下面蒸，等蒸透後，把墊的皮扔掉，加甜汁、白酒或蓮子配頭，就端上桌去，必須現蒸現吃，才能保持色、香、味，下邊皮墊底，為的是不會燉焦。」至於「紅燒魚唇」，其配料為雞、鴨、火腿、豬腳等，須用文火燉五小時以上。

畫壇宗師兼食藝

鄭曼青先生有詩云：「曠古畫家數二豪，張爰倪瓚得分曹。腰纏散聚且休論，百萬相看等一毛。」詩中的張爰、倪瓚皆以書畫名世，前者即張大千，號稱「五百年來第一人」、「曠代畫聖」；後者即倪雲林，享有「清高絕俗」之譽。他們除書畫兩絕、名顯當世、散盡家財這幾點相似外，更以精於飲饌，而為吃客們津津樂道，盛譽迄今不衰。

倪瓚，元朝人。初名珽，一字泰宇，後字元鎮，一生別號極多（注：有荊蠻民、曲全叟、風月主人、蕭閒仙卿、如幻居士、滄洲叟、無住庵主等二十餘種），然其最為人所稱者，乃「雲林子」，故後世以雲林稱之。生於江南無錫之祇陀村。其家數世皆為一方富豪。兄倪文光日為道教上層人物，曾賜號法師、真人。他亦因家世特佳，得以經史諸子「盡日成誦」，並「富貴何足道，所思垂令名」，想有一番作為，但世局的混亂動盪，使他「斷送一生棋局裡，破除萬事酒杯中」，最後「扁舟箬笠，往來震澤、三泖間」，成為「煙波釣徒、江海不羈之士」及書畫名家。世事難料至此，卻能成就其大，應是造化使然。

這位「格韻尤超」的高士，自謂其畫不過「逸筆草草，不求形似，聊以自娛」、「聊寫胸中逸氣」。其實，他老兄可是下過一番苦功的，曾賦詩云：「我初學揮染，見物皆畫似，郊行及城遊，物物歸畫笥。」足見其臨摹功夫之深。由於其畫已由形似而臻於神似，才能「古淡天真」，世稱「逸品」。另，其書法亦「無一點俗塵」、「真翰墨第一流人，不食煙火而登仙」，能寫出其「人品高軼」。

說實在的，倪瓚的書畫得以「神韻獨絕」，與他的生活息息相關。像他在家鄉祇陀所築的園林宅第（此即後人統稱的「清閟閣」），其建築有「清淮堂」、「雲林堂」、「清閟閣」、「蕭閒館」、「朱陽館」、「淨名菴」、「雪鶴洞」、「水竹居」、「逍遙仙亭」、「海岳翁書畫軒」……之勝。其中的「雲林堂」，景觀陳設尤奇，乃「龍槐鳳竹，蔭映翳然，秀色潤氣，變幻不常，……堂中皆襯碧箋，東設金石刻、古玉器，右布博山、鬲釜、敦彝、尊罍、法帖、丹青名卷，遊者如入貝闕而登神山，耳

倪瓚曾撰寫烹飪著作，反映了元代無錫的飲食風貌。

目改易，心神飛揚」。也唯有久隱在此洞天福地內，才會寫出：「舍北舍南來往少，自無人覓野夫家。鳩鳴山上還催種，人語煙中始焙茶。池水雲籠茅草氣，井床露淨碧桐花。練衣掛石生幽夢，睡起行吟到日斜。」這樣「天然古澹」的詩句來。

《雲林堂飲食制度集》計一卷，是倪瓚撰寫的烹飪著作。此書一共收錄了五十多種調料、飲料、菜肴、麵點的製法，內容雖然不多，但一則反映了元代無錫地區的飲食風貌，再則記載的部分菜肴製作精緻細膩，故在中國的飲食上發揮一定的影響，頗具參考價值。

無錫濱臨太湖，鄰近長江、東海，故書中所收菜肴的用料，以水產類居多，有魚、蝦、蟹、田螺，蛤蜊、江瑤、蚶子、蝤蛑、水母等等，吃法也很特別。比方說「新法蛤蜊」，乃將蛤蜊洗淨，生擘開，留漿別器中。刮去蛤蜊泥沙，批破，水洗淨，留洗水。再用溫湯洗，次用細蔥絲或桔絲少許拌蛤蜊肉，勻排碗內，將留下的漿及二洗水澄清，入蔥、椒、酒調和，澆於蛤蜊肉上裝盤。「酒煮江瑤」，南宋已有此饌，並有「生絲江瑤」，但未載其製法。倪瓚所述的燒法為：生取江瑤肉，用酒洗淨。其細絲如筷子頭大小，用加熱之酒煮食。也可直接撕條，與胡椒、醋、糖、鹽拌好生食。他如「青蝦卷」、「鯽魚肚兒羹」、「海蜇羹」等，無不設想新奇，精采別致。

然而，書中影響後世最深遠者，分別是「煮蟹法」及「蜜釀蝤蛑」。前者煮的是淡水毛蟹，其煮法為：「用生薑、紫蘇、桂皮、鹽同煮。方大沸透便翻，再大沸透便啖。……

搗橙齏、醋。」此煮法與目前的方法差異不大，但考究多了。而且倪瓚特別強調，「凡煮蟹，旋煮旋啖則佳，以一人為率，只可煮兩隻，啖已再煮」，實為知味識味之言。後者製作的是近海梭子蟹。其製法為：「鹽水略煮，才色變便撈起。擘開，蟹腳出肉，股剁小塊。先將上件排在殼內，以蜜少許入雞彈（蛋），肉攪勻，澆遍，次以膏腴鋪雞彈上蒸之。……不可蒸過。橙齏、醋供。」這道菜實為今日揚州菜「煮蟹斗」及西餐「芝士（起士）焗蟹蓋」的起源，而今分身名滿天下，殊不知其本尊的出處即在此。另其吃法為：「雞彈才乾凝便吃」，正因注重火候，始無太老及夾生之患。

話說回來，真正使倪瓚在飲食史上大放異彩的，為「雲林鵝」，此燒鵝之法，原名「燒鵝」，因清代大飲食家袁枚特重此法，「試之頗效」，乃將其具體作法收錄在《隨園食單》中，遂大顯於天下。

倪瓚於至正（一三四一—一三六七年）之初，「忽散其家財給親故，人咸怪之。未幾，兵起，富室悉被禍」，他則「扁舟箬笠，往來江湖上，獨免於難」。眾人起先「竊笑其為憨」，後「始服其前識」。而他的那一葉扁舟，更是「結構奇古，檻牖不華，置寶鼎，燃吳潔小餅香，小几兩張，有筆、硯、圖籍少許」，儼然是個高士典型。就因燒此「異香」，倒給他惹來一頓排頭，平添一段藝林焚琴煮鶴之事。

話說元末官居「浙江行省丞相」的張士信，甚重倪瓚之畫，一再使人求之。但他不賣面子，硬是裂絹卻幣，拒絕士信求畫，使其顏面掃地，一直深恨在心。「一日，士信與諸文士遊太湖，聞漁舟有異香。士信曰：『此必有異人。』急傍舟近之」，正好就是倪瓚。這下子可好了，張士信為洩心中之忿，命人拖他出來，當眾痛打幾下屁股，倪瓚始終不哼一聲。後來有人問他，為何不發一語？他答得挺有趣的，居然是「一說便俗」。故綜觀其一生，應是「一生傲岸輕王侯，視彼富貴如雲浮」的最佳寫照。

據史載倪瓚的長相為「清眉秀目，丹口鬚髯」，以致「吳越人皆稱為神仙中人」。這與本名張權、終身留著大鬍子的四川內江人張大千比起來，形貌相去太遠。畢竟，張的長相似猿，其師且認定他是黑猿轉世，故替他改名猨（古猿字），字季猨，張則省寫為「爰」，他日後的書畫常落款「大千張爰」、「大千居士爰」、「蜀人張爰大千」、「張爰」或單署一「爰」字。

張爰七歲啟蒙，九歲習畫，十二歲即有神童之譽。二十一歲時，因未婚妻去世，他悲傷逾恆，在心灰意冷下，便出家當和尚，以「大千」為法號。二十三歲至上海，拜李瑞清、曾熙兩大書法名家為師，攻詩文和習字，注心血於〈瘞鶴銘〉與〈石門銘〉，並以餘力作畫，不務外事。其臨摹的超凡功力，實奠基於此一時期，雖窮年累月臨摹了董源、巨然、倪瓚、黃公望等大家的畫作，但對石濤、八大山人、石谿、漸江這清初四僧的作品，尤為致力。其中，更對石濤的作品下功夫最深，幾可亂真。

民國三十年，是他一生的大轉捩點之一。這年三月，他攜帶家小來到了敦煌，開始在「洞中壁畫雕刻之富，冠絕東方」的寶庫臨摹，一共待了兩年七個月，摹繪壁畫二百七十幅，從此技藝大進，並為其「墨染山河筆驚天」的潑墨畫，打下了深厚的基礎。自六十歲後，他忽得目疾，導致視力大減，畫風開始轉變，不再刻意求工，代之以減筆，以破墨取勝，並以青綠設色，作大氣磅礡的寫意畫。又，其破墨畫中所用的青綠色，鮮明奪目，出神入化，世人稱之為「大潑彩」，堪稱他畫中特有的技巧。其能「意在丹青外，力奪造化功」，進而「集眾長而自成一派」，似此應為必然中的偶然。

張爰酷愛美食，本身亦擅烹調，自謂：「以藝術而論，我善於烹飪，更在畫藝之上。」事實上，他對中國的飲食分野，亦有獨到見解，將之分成三個流派；「一為長江流域，由重慶至揚州，即川菜和揚州菜；二為黃河流域，即所謂北方菜，三為珠江流域，包括廣東、福建的所謂粵菜、閩菜。北方菜取味於陸；閩、粵菜取味於海；川菜則兼得海、陸之盛。」所言雖不盡然，但已拈出精要所在。此外，他對食物的選材和作法，均極重視，不僅指揮大廚如何如何，還會自己親自下廚，舞刀弄鑊一番。即使年邁古稀，照樣樂此不疲。因而有人說：「若以繪畫是張大千的經。」那麼「美食則是張大千的緯」了。

生性好客的張大千，口福亦是出奇地好。當年他赴敦煌石室的那段時光，不光吃過西北的好牛、羊肉，亦嘗了哈密瓜、李廣杏、冬果梨和香水梨（注：此二梨香滑甜膩，據說風味超過冰淇淋）等頂級水果。他還匠心獨運，將美味的「手抓羊肉」，取其意，借其名，創造了「手抓雞」這一佳肴。然而他平生最得意的傑作，還是把湘菜的「辣子雞丁」，成功地轉換成帶有川味色彩的「大千雞」。尤令人嘖嘖稱奇的是，此菜因海峽兩岸廚師的不同詮釋，風味竟然大相逕庭，委實不可思議。

另，張氏親炙的諸般美味中，以「酸辣魚湯」、「木耳生炒牛肉片」、「牛肉麵」等，屢屢贏得食客的喝采，皆曾撰文以誌盛事。

當年大千與其二兄善孖（注：以善畫虎享盛譽）共居蘇州闊字頭巷「網師園」時，一日，宴請章太炎、陳石遺、李印泉、葉譯虎等學界藝壇人士。終席之際，他突然興起，臨時下廚，製成「酸辣魚湯」一味敬客。這道菜的輔料，除了醋與胡椒外，還得用四川郫縣的豆瓣醬增色添香。其難處則在起鍋前的勾芡，先下醋，淋以紅油，再撒上酥肉丁與蔥花即成。諸君千萬別小看這一抓一撒，倘無經年累月的經驗和慧心巧手的本領，絕不會如此信手拈來，即能恰到好處。等到日後移居上海，他亦曾用此湯饗客，名士江翊雲食罷，大為稱賞，並贈詩一首，內有「難忘聽雨簫齋夜，出網江魚手自烹」之句。

另，有次他在「摩耶精舍」請友人吃個便飯，特地親自燒了一味「木耳生炒牛肉片」，但見此菜黑白分明，肉片晶亮，而且入口即化。朋友吃得滿意，但摸不著頭緒，只好移樽就教，問：「牛肉片都是紅的，這怎麼會是白的？」大千才點出其關鍵所在，說：

「把上好的牛肉切成薄片，用淘籮在自來水龍頭下，急沖二十分鐘，肉內含血自然淨去，然後加少許菱粉調水作芡，急火熱油，與發好的木耳同時下鍋，急搗七勺半，起鍋。」光看這費工的漂淨牛肉血水，以及急火熱油、急搗七勺半的火候拿捏，便知他老兄即使燒個家常菜，亦是十分考究，不但精準料理，而且一絲不苟。

還有次他在「摩耶精舍」請羊汝德、郭小莊等人吃「牛肉麵」。牛肉分紅燒及清燉二種，麵則有寬有細，並備妥各式調味作料，以應各人不同口味之需。吃者莫不食指大動，連為維持身材、平日粒米不沾的國劇名伶郭小莊也禁不住誘惑，一口氣吃下三大碗。待闔座人頻呼過癮後，大千一時興起，便開始說其紅燒牛肉麵的製法，即先用素油煎剁碎之辣豆瓣醬，放兩小片薑及蔥花少許，接著牛肉四斤切塊落入，然後置花雕酒半斤、適量酒釀、十至二十顆花椒，待均勻撒鹽後，即燒至大滾，再慢慢用小火燉，前後約四小時。至於那清燉的，不必以豆瓣醬煎，其餘方法雷同，只是自始至終要用中火燉，並不斷撇油及浮沫，至乾淨為止。其中的精細程度，絕不在畫藝之下。

在張府作客，最常感受的是有案上珍饈、擺龍門陣。（因而有人打趣說：「只要說到吃，大千先生的精神就來了。」）此外，他不善飲，卻有酒膽；有人敬酒，他必乾杯。每當酒足飯飽後，他不是「揮毫對賓客，興酣掃八極」，就是講古說今，滔滔不絕，妙語如珠。

大千的居住環境，雖不如雲林那般精緻考究，卻也收藏豐富，頗富園林之勝。從早年四川的「梅邨」、巴西的「八德園」、美國的「環蓽盦」，一直到台北外雙溪旁的「摩耶精舍」，他無不經營得既富麗堂皇、兼得自然野趣。常年穿著一襲長袍，信步優游其間，同時邀宴親朋好友。這等高潔生涯，真不愧是個「百年詩酒風流客，一個乾坤浪蕩人」。

張府的菜單，皆大千自書，於筆力雄渾外，尚可窺其佳肴及飲食好尚。因此，他的菜單，就成了食家們搜羅的對象。我一共收藏五張，座上客以張學良三次居多，張群二次居次。其宴席有大有小，精采細緻則無殊，權在此按時間先後排列：

一、一九六五年（歲次乙巳）：主客為表弟鍾烈伉儷。

「炒蝦球」，「糖醋脊柳」，「白汁魚唇」，「紅煨大海參」，「清湯」，「纏回手抓雞」，「糯米鴨」，「冬菇豆腐」，「炒六一絲」，「葛仙米羹」。

二、一九六六年（歲次丙午）：主客為張學良夫婦等。

「清煮明蝦」，「素燴」，「蔥燒大烏參」，「薑汁蘑芋」，「乾燒鱘鰉」，「口袋豆腐」，「七味肉丁」，「六一絲」，「口蘑雞片湯」。

三、一九七一年（歲次辛亥）：主客為夢因道士等。

「水爆烏鯽」（即烏賊），「宮保雞丁」，「口蘑乳餅」，「乾燒鰉翅」，「酒蒸鴨」，「蔥燒海參」，「錦城四美」，「素燴」，「蜜南」，「西瓜鐘」（盅）。

四、一九八〇年（歲次庚申）：主客為張群及張學良夫婦等。「椒麻腰片」、「漢陽手撕雞」、「魚香菜苔」、「薑汁豚蹄」（以上前菜），「六一絲」，「鳳翼烏參」，「南腿帽結」，「雞油烤笋」，「酥嫩搬指」，「粉蒸牛肉」，「蒸蟹粉雲吞」，「皇（即王、黃）瓜氽牛肉片湯」，「青豆泥包餃」，「西瓜鐘」。

五、一九八一年（歲次辛酉）：主客為張群和張學良夫婦等。「干貝鴨掌」，「紅油豚蹄」，「菜苔臘肉」，「蠔油肚條」，「乾燒鰉翅」，「六一絲」，「蔥燒烏參」，「紹酒㸆笋」，「乾燒明蝦」，「清蒸晚菘」（即黃芽白），「粉蒸牛肉」，「魚羹冷麵」，「氽王瓜肉片」，「煮元宵」，「豆泥蒸餃」，「西瓜鐘」。

從以上菜單得知，張大千的菜色中，食材以海參、鰉翅（即魚翅中的上品「呂宋黃」）、西瓜居多。菜肴最常見者，則是「六一絲」與「西瓜鐘」。其中的「六一絲」為火腿、雞胸、筍、紅辣椒、芽菜、蔥等切絲同炒，非得刀火功高，否則軟硬不諧，失其爽脆糯嫩，將澀而難食矣。

今人楊國欽曾編著《大千風味菜肴》一書，惜未窺其全豹。至於打著「大千菜」以廣招徠的餐廳，我前後嘗過「大千食府」、「老萊居」、「大千食譜」等店家，或嫌匠氣，或不入流，皆失其旨趣，每扼腕而歎。

又，張爰死後，將其居住的「摩耶精舍」及「大風堂」所珍藏的書畫精品，悉數捐給故宮博物院，其義行高誼，至今仍廣為人們稱誦。

倪瓚與張爰全是丹青、書翰妙手，一生之行誼，亦有相近之處。只是倪雲林有食譜傳世，尚可依式仿製，張大千則菜隨人亡，早成廣陵絕響。兩公的一飲一啄，其可寶者甚多，端賴有心人士挖掘發揚，庶幾可永垂不朽。

•「雲林鵝」作法

《隨園食單》收錄倪瓚「雲林鵝」的製法為：「整鵝一隻，洗淨後，用鹽三錢，擦其腹內，塞蔥一帚，填實其中，外將蜜拌酒，通身滿塗之，鍋中一大碗酒、一大碗水蒸之，用竹箸架之，不使鵝身近水。灶內用山茅二束，緩緩燒盡為度。俟鍋蓋冷後，揭開鍋蓋，將鵝翻身，仍將鍋蓋封好蒸之，再用茅柴一束，燒盡為度；柴俟其自盡，不可挑撥。鍋蓋用綿紙糊封；逼燥裂縫，以水潤之。起鍋時，不但鵝爛如泥，湯亦鮮美。以此法製鴨，味美亦同。每茅柴一束，重一斤八兩。擦鹽時，串入蔥椒末子，以酒和勻。……」究其實，此一燒法即今日的煨（注：可分為火灰煨及小火煨兩種，此指前者）。另，集中記載的「燒豬肉法」，其手法亦同，皆妙在肉爛味厚，入口即化。

•「蓮花茶」作法

此外，《隨園食單》內收錄倪瓚的窨製花茶有「蓮花茶」，其製法別致，須「就池沼中，早飯前、日初出時，擇取蓮花蕊略破者，以手指撥開，入茶，滿其中，用麻絲縛紮定。經一宿，明早連花摘之。取茶，紙包，曬乾，錫罐盛」，在如此大費周章下，這帶荷花清香的茶味，不誘煞人才怪。

帝王中的美食家

在傳統的觀念裡，深居九重的天子，「普天之下，莫非王土；率土之濱，莫非王臣」，加上富有四海，自然享用奢華，盡嘗天下美味。其實，即使貴為帝王，能否吃到佳肴，攸關自家福祿，頗難強求倖致。換句話說，如果沒有口福，不辨珍饈美饌，只會囫圇入嘴，真是暴殄天物。

中國自三代起，第一個有口福的天子，非商湯莫屬。

商湯何其有幸，在求才的過程中，得到被後世奉為廚神的伊尹，起先嘗其以五味（甘、酸、苦、辛、鹹）烹製的菜肴，覺得適口異常。後來又嘗到他親炙的「鵠羹」（注：鵠即天鵝，不浴而白，一舉千里，食之益人氣力，利臟腑），食罷大悅，拜為宰相。伊尹日後再用天下頂級食材（包括猩猩之唇、獾獾之炙、雋觾之翠、旄象之約、洞庭之鱄、東海之鮞、崑崙之蘋、雲夢之芹等）說商湯革命，代夏而有天下。商湯登基後，是否嘗到伊尹所列舉的美味，史無明證。但當時能聚五湖四海的珍味而食，也只有帝王才有這個能耐。

比起商湯的細品來，商代最後一任的君主紂王，其荒淫及糜爛，堪稱上古之最，「野宴」即為其一。

紂王不僅在宮中飲酒作樂，還經常舉行野宴。他先在離宮、別館之間建造一個酒池，再用酒糟堆成山，然後鑲上樹枝，樹枝上掛滿了各式各樣的烤肉串，接著在酒池中行舟、飲酒、觀舞、吃肉。《史記・殷本紀》上即記載著：「帝紂……好酒淫樂，嬖（卑賤得寵之意）於婦人。愛妲己，妲己之言是從。於是使師涓作新淫聲、北里之舞，靡靡之樂。……大聚樂戲於沙丘，以酒為池，懸肉為林，使男女裸相逐其間，為長夜之飲。」大吃大喝，動搖國本，周遂取而代之。由此觀之，紂只能算是個暴飲暴食的縱慾者而已。

《禮記・內則》的說法，周天子享用的宮廷名菜，即所謂「八珍」，計有淳熬、淳母、炮豚若牂、搗珍、漬、熬、糝、肝膋等。其中的淳熬乃台灣市井民食滷（魯）肉飯的鼻祖，炮豚若牂乃烤乳豬或烤全羊的前身，糝則是老一輩人士所熟悉的「徐州啥鍋」，雖然這些美味，無不「食不厭精，膾不厭細」，但幾千年下來，早已由「昔日王謝堂前燕」，「飛入尋常百姓家」了，由於平日隨時可食，也就不再引為珍味了。雖然西周王朝建立一個當時世界最龐大的御膳機構（注：設有「膳夫」、「庖人」、「內饔」、「外饔」、「亨人」、「臘人」、「酒正」、「醯人」等二十二個飲食單位，人數約二千三百人），但沒有文獻顯示，哪一個天子在位時，特別精吃懂吃，實為食林上的一樁憾事。

而出身平民的皇帝中，漢高祖劉邦在飲食的好尚上，算是最忠於原味的一位，此原味即市井之食，由此便可看出他是個草根性十足的人，即使身登大寶，仍不改其本色。

據《西京雜記》上寫道：「高祖為泗水亭長，遠徙驪山，將與故人訣去。徒卒贈高祖酒二壺，鹿肚、牛肚各一。高祖與樂從者，飲酒食肉而去。後即帝位，朝晡尚食，常具此二炙，并酒二壺。」也就是說，劉邦當年僅靠二壺酒，以及烤鹿肚和烤牛肚起家，當上皇帝以後，為了不忘本，仍備此酒饌，天天吃喝，足見其真性情。又，劉邦未發跡前，甚愛和以屠狗賣狗肉為生的樊噲鬼混，自然藉機吃了不少狗肉。劉邦家貧，常耍無賴，吃了卻不付錢。樊噲無奈，只好到河的對岸去賣，藉以躲避劉邦。一日，劉邦遍尋不著，情知已到對岸，趕到了河那邊，樊噲已賣完肉，只好一起回家，到了岸邊，卻無渡船，恰見一老黿悠悠游來，並渡他們過河。登岸之後，劉邦忘恩負義，提議宰此老黿，帶回去烹了吃。兩人合力宰殺，將其肉與狗肉共煮成一大鍋，二人食之甚美。就這是傳說中的沛縣狗肉，用黿湯來煮的，而今當地所用的黿湯即指原湯，也就是陳年的老湯。

另，據《史記・高祖本紀》記載，公元前一九五年，劉邦在平定九江王英布的叛變後，班師還朝，經過故里豐沛（今徐州沛縣），「悉召故人父老兄弟縱酒」，劉邦酒酣，親自擊筑，高唱：「大風起兮雲飛揚，威加海內兮歸故鄉，安得猛士兮守四方。」接著「起舞，慷慨傷懷，泣數行下」。據說此宴以狗肉為主，御廚烹飪得法，大家吃得盡興，從此流傳下來。而今沛縣的狗肉燒法，係將整隻狗用硝醃製一宵，去其土腥，然後斬大塊入鍋內，加五味、香料等，大火燒沸，文火燜燒十餘小時，取出拆骨，置涼後撕條或切塊食用，一名「五味狗肉」。

漢代另有兩道特色菜，珍美異常，值得帶上一筆。

《齊民要術》一書指出：「昔漢武帝逐夷，追至海濱，聞有香氣而不見物，令人推求，乃是漁父，造魚腸於坑中，以土覆之，香氣上達，取而食之，以為滋味。」漢武帝劉徹因驅逐夷人，而得享此異味，可謂口福不淺。又，此美味因逐夷而得，故名「鱁鮧」。諸君或許不明白，它到底是啥珍物，其實就是烏賊腸及白所製的「魚腸醬」（參見宋人沈括的《夢溪筆談》）。漢武帝固然喜食鱁鮧，齊明帝蕭鸞更是愛煞此物，「以蜜漬之，一食數升」，若非其食量特宏，豈能吃得如此過癮？

再依《漢書》及《拾遺錄》的講法，漢昭帝劉弗陵在位時，曾釣於渭水之濱，得一白蛟，長約三丈，其狀若蛇，身無鱗甲，頭有軟角，牙出唇外。昭帝見狀，便說：「這種魚當是鱔一類。」乃命大官（即御膳房長官）製成魚鮓（注：一種醃漬魚法，待其發酵食用，約於西晉時，此法傳入日本，乃今日日本握壽司，即鮨之起源），骨青而肉紫，食之極鮮。昭帝食髓知味，命人再前去釣，結果一無所獲。昭帝竟食到此一不世出的超棒珍味，也稱得上不虛此生了。到了魏晉南北朝時，禁臠與鵝掌齊名，皆是帝王珍饈。

所謂禁臠，今喻他人不得近之物件，意即「獨占」。何物竟能上邀天眷，以致群臣不敢動筷？原來晉元帝司馬睿在建業（今南京）稱帝時，「公私窘罄，每得一豚，以為珍饈，項上一臠尤美，輒以薦帝，群下未嘗敢食，於是呼為『禁臠』」（見《晉書・謝琨傳》）。此禁臠即項臠，一名項肉或槽頭肉，肥中帶脆，口感至佳。故蘇軾在〈老饕賦〉寫說：「嘗項上之一臠，嚼霜前之兩螯……，蓋聚物之夭美，以養吾之老饕。」特地將它與蟹螯並列，可見滋味非凡。我曾吃過其用紅燒、白煮、蜜炙及氽燙數種燒法，皆肥美脆爽，委實妙不可言。

歷來嗜食鵝掌者頗眾，據《帝王後宮記實》上的記載，北魏孝文帝元宏在位時，後宮貴人馮妙蓮善烹此味。有次孝文帝臨幸前，吃了她精心烹製的鵝掌菜後，大加稱讚，並詢問她此菜如何烹製，何以滋味如此鮮美？妙蓮回說這是她親自指點御廚燒的。孝文帝聽後更為高興，由是專寵後宮，三不五時就到馮貴人處吃鵝掌。

又，經過魏晉南北朝四百年的動盪，隋文帝楊堅終於統一大江南北，在他的勵精圖治下，國運昌隆，空前繁榮。等到其子隋煬帝楊廣即位後，好大喜功的他，不恤民力，廣開運河，其「游宴」規模之大，古今罕匹。

按《隋書・食貨志》的講法：楊廣東巡江都（即揚州），後宮侍從者數十萬人，沿途所食的水陸珍品，朝令夕辦。像大業元年（六〇五年）第一次遊江都時，即造龍舟和華麗的船艦數千艘（該龍舟長二百尺，上下四層），隨行的嬪妃、王公大臣、僧尼、道士約二十萬眾，船隻首尾相連，長約二百多里，而拉船的縴夫亦達八萬餘人，兩岸且有騎兵護送，鼓樂喧天，一到晚上，燈火通明。他老兄則在龍舟上縱情飲酒作樂。運河沿途五百里內的百姓，被迫供奉食品，大小官員爭相進獻珍饈，好不快活。

至於隋煬帝本人最愛的佳肴，散見於《太平廣記》、《清異錄》、《膳夫錄》等前人筆記中。其中最廣為人知的，有「金齏玉膾」、「縷金龍鳳蟹」、「辣驕羊」等多種。所謂的「金齏玉膾」，《太平廣記》、《大業拾遺記》、《隋唐佳話》、《升庵外集》等十餘種著作均有記載，內容雖不盡相同，但用的都是淞江特產的四鰓鱸。此魚「巨口細鱗」，色澤瑩白，肉細而嫩，鮮美無腥，製鱠（膾）尤佳。《大業拾遺記》即云：「須八九月霜下之時，收鱸魚三尺以下者作乾鱠，浸漬訖，布裹瀝水令盡，散置盤中，取香柔花葉，相間細切，和鱠撥令調勻。」此菜妙在金白相間，花綻金黃，肉白似雪，刀工精湛，精巧悅目。難怪楊廣食罷，會發出「金齏玉膾，東南佳味」的讚歎！

除了香柔花外，此菜亦可用金橙代之，均須細切。到了明代，膾改用鮓，肉亦甚白，雜以香杏花葉，紫綠相間，以回回豆子、一息泥（辣椒）、香杏膩（杏仁油）拌勻，號稱珍品（見《升庵外集》）。直到清末，松江府人士仍以鱸魚為盛饌，每遇貴客光臨或文士雅集，必設此一佳肴，「飣盤裁紅縷白，極其精巧」。我曾在一名「日吉坊」的日本料理店嘗其「鯛魚醋」一味，即仿此製成，風味絕佳，妙不可言。

當隋煬帝抵江都時，吳中（指江、浙二省）官員均送「糟蟹」、「糖蟹」至行宮，光是「糖蟹」就有三千隻。但不管是「糟蟹」、「糖蟹」，每在進御之前，必將蟹蓋殼拭淨，再用金箔紙剪成龍鳳花樣的圖案，仔細地黏貼其上。「糟蟹」用的是頂級湖蟹，收拾潔淨、瀝乾後，整齊地放入甕內，層層疊起，接著將用酒、糟、白糖、茴香、花椒等調味品調勻之汁徐徐倒入甕中，使活蟹慢慢吸收，漸漸入味，加蓋密封半月即成，糟得愈久，滋味愈佳。望之栩栩如生，食之香氣撲鼻，鮮腴細嫩，風味迥異。而今以江蘇興化中堡莊一帶所製最棒，故稱「中莊糟蟹」。「糖蟹」的調汁，僅用酒及白糖，製法一如糟蟹，味道偏甜，但不膩人。

吳郡守亦敬獻「海鮸鱠」四瓶，「浸一斗可得徑尺數盤，並奏作乾鱠法」。楊廣即遍示群臣，接著說：「昔……殿庭釣得海魚（注：指漢昭帝在渭水之濱釣白蛟之事），亦何作為異，今日之鱠，乃是真海魚所作。來自數千里，亦是一時奇味。」鮸魚形似石首魚而碩，其頭較大，其鱗較細，鮮食味遜，但宜為臘。其製乾鱠之法，乃「去其皮骨，取其精肉縷切隨成，隨曬三四日，須極乾，以新瓷未經水者盛之，密封泥，勿令風入。經五六十日，不異新者。取啖之時，……則皦然。散置盤上，如新鱠無別，細切香柔葉鋪上，箸撥食調勻進之。……肉軟而白色，經乾又和以青葉，皙然極可啖」。此佳肴製作精細，滋味迥異非凡常可及，難怪隋煬帝喜食之，並引為珍味。

又，吳郡守「獻鯇魚含肚千頭，極精好……味美於石首含肚，然石首含肚亦長年入獻」。此鯇魚即山椒魚，俗名娃娃魚，長者四五尺，魚肚厚美。石首魚即大黃魚，其魚肚略薄，亦有可觀之處，所以列為貢品，長年充作御膳。魚肚食法多端，御廚如何烹調，頗耐吾人尋味。

照《膳夫錄》的記載：「隋煬帝有『縷金龍鳳蟹』、『蕭家麥穗生』、『寒消粉』、『辣驕羊』、『玉尖麵』。」意即這幾樣都是他所嗜食，並常享的幾道美味。「縷金龍鳳蟹」已如前述，「蕭家麥穗生」指的是蕭璉（官至太常博士）所製的「散飣麥穗生」、「卷子生」。一般所謂的「麥穗生」，係指後者。它是用肥羜（出生近五個月的肥羊）切片包捲，加麥苗，捲成雲樣，既美觀，且味勝。因兩者皆生，且絕嫩清香，故捲裹之後，其「滋味殊冠」，甚為煬帝所愛，以致經常食用。

「寒消粉」本名「酥夾生」。其所以得名，據《清異錄》的記載：「張彌守鎮江，一日會客，作『酥夾生』。副戎（即副指揮官）許鼐，蒼梧（今廣西壯族）人，不諳北饌，甚嗜之。他時再聚，忽問：『前日盛饌，有入口寒而消者，尚可得否？』張給（撒謊、欺騙）之曰：『此名「龍髓膏」，金牛國所貢，聞用「寒消粉」製成，寧可復得？』眾客莫不絕倒。」有謂此類清人袁枚《隨園食單》中的「炸酥餅」，仍有待查考。不過，此物上至帝王，下至官員都愛吃它，滋味應該絕佳才是。

「辣驕羊」之名甚奇，驕羊指肥羊或羊羔，「能補有形肌肉之氣」。此辣絕非辣椒，應是花椒之屬（注：隋煬帝時，辣椒及胡椒尚未傳入中土），具有溫中下氣、暖胃祛寒、消食殺蟲、解魚腥毒等功效，觀煬帝日常所食者，似以生冷居多，用「辣驕羊」一饌開胃補虛，當在情理之中。

「玉尖麵」似乎是精緻的肉包子，依《清異錄》的說法：「趙宗儒任翰林時，聞中使（官名）言：『今日早饌「玉尖麵」，用消熊、棧鹿為內餡，上甚嗜之。』問其形制，蓋人間出尖饅頭也。又問『消』之說，『熊之極肥者曰消，鹿以倍料精養者曰棧。』」這段記載，並未指出「上」是唐朝的哪個皇帝，但楊廣所吃的「玉尖麵」，應該也是用肥熊與棧鹿之肉為餡，才會惹他垂涎，經常品享。

又，隋煬帝偏嗜蛤蜊，《酉陽雜俎》云：「隋帝嗜蛤，所食必兼蛤味，數逾數千萬矣。」此蛤非比等閒，乃揚州特產、赫赫有名的蚌螯，滋味之鮮，在諸蛤上，堪為河蚌第一。煬帝特嗜此味，也就不足為奇了。

還有一點，尤須一提。為隋煬帝主理御膳的不是別人，而是當代第一高手謝楓，他在擔任尚食直長（官名）一職時，即掌帝王膳食。《清異錄》曾收錄他所撰的《食經》，計有五十三只菜點，道道精采，煬帝均應嘗過。其名甚奇，且一一附記於後。

一、「北齊武成王生羊膾」；二、「細供沒忽羊羹」（即出骨羊肉羹）；三、「急成小餤」；四、「飛鸞膾」（鸞一作鑾，乃帶小鈴的刀）；五、「咄嗟膾」；六、「剔縷雞」（雞出骨，肉切成細絲）；七、「交加鴨脂」；八、「君子飣」；九、「越國公碎金飯」（越國公即楊素，官至司徒，碎金飯乃目前火候最不易掌控的蛋炒飯——「金鑲銀」）；十、「雲頭對爐餅」；十一、「剪雲析魚羹」；十二、「虞公斷醒鮓」（虞公即虞悰，「善為滋味，和劑皆有方法」，齊武帝蕭賾曾向他索取各種飲食配方，他堅拒不受命。後來武帝酒醉，身體很不舒服，虞悰始獻醒酒鯖鮓，武帝一服即驗，遂命名「斷醒鮓」）；十三、「紫龍糕」；十四、「烙羊成美公」；十五、「魚羊仙料」；十六、「春香泛湯」；十七、「十二香點臛」（肉羹）；十八、「象牙䭔」；十九、「滑餅」；廿、「金裝韭黃艾炙」；廿一、「湯裝浮萍麵」；廿二、「乾坤夾餅」；廿三、「含醬餅」；廿四、「楊花泛湯糝餅」；廿五、「魚膾永嘉王特封」（按：永嘉王指晉懷帝司馬熾，永嘉為其年號，此魚膾因滋味極佳，故上邀天寵，給予特封）；廿六、「藏蟹含春侯」；廿七、「無憂臘」；廿八、「連珠起肉」；廿九、「花折鵝糕」；卅、「修羊寶卷」（即花色羊肉卷）；卅一、「爽酒十樣卷生」；卅二、「龍鬚炙」；卅三、「白消熊」；卅四、「帖乳花麵英」；卅五、「加料鹽花魚屑」；卅六、「千金碎香餅子」；卅七、「專門膾」；卅八、「拖刀羊皮雅膾」；卅九、「折筋羹」；卌、「朱衣餤」；卌一、「香翠鶉羹」；卌二、「露漿山子羊蒸」；卌三、「千日醬」；卌四、「加腐乳」；卌五、「金丸玉菜臛鱉」；卌六、「天孫膾」；卌七、「添酥冷白寒具」（寒具泛指製熟後冷食的乾糧，耐貯好吃的饊子、麻花皆屬此類，名品如《齊民要術》中的「細環餅」，以「脆美」著稱）；卌八、「暗裝籠味」；卌九、「高細浮動羊」；五十、「乾炙滿天星」；五一、「撮高巧裝檀樣餅」；五二、「天真羊膾」；五三、「新治月華飯」。

隨著生業滋繁和經濟昌盛，到了中國唯一女皇帝武則天在位時，唐宮廷內亦出現了一些佳味，其中最有名的，分別是「牡丹燕菜」、「珍郎」及「百花糕」。由於從未有菜譜詳述其作法，故今日所吃得到的，應為後人臆測及想當然耳的成品。

「牡丹燕菜」一名「假燕菜」、「洛陽燕菜」。據說武則天即位後，洛陽東關地區的菜園裡，長出一個特大號的蘿蔔，長約三尺，上青下白，重達三十二斤九兩。當地人視為神物，進貢宮內。女皇芳心大悅，令御膳房用此燒菜。御廚幾經思考，製成一味湯菜，獻給女皇品嘗。武則天享用罷，因其味鮮清爽，滋味獨特，堪與燕窩媲美，遂賜名「假燕菜」，後稱「洛陽燕菜」。由於意義不凡，加上味道絕佳，現已成為洛陽水席上的頭道大菜。其作法為取大白蘿蔔中段，去皮切成細絲，先入水浸泡，再瀝乾水分，以乾澱粉（注：一般用綠豆粉）拌勻，上籠蒸透，取出晾涼，入冷水抖開，再用乾澱粉拌勻，上籠略蒸，然後入湯煮沸即成。若再加上紅綠蛋膏，製成牡丹花的紅花綠葉，擺在菜上，上籠蒸熟，即是膾炙人口的「牡丹燕菜」。而今亦有以蘿蔔絲加熟雞絲、肉絲、玉蘭片絲、水發蹄筋絲、海參絲、魷魚絲、紫菜絲、韭菜段、香根、海米、雞湯等先蒸後再製湯者，色澤五彩繽紛，光彩奪目，顯非原製。又，一九七三年，加拿大總理布魯道赴洛陽訪問時，中共總理周恩來在「真不同飯店」設宴招待，席間就有「假燕菜」。布魯道嘗後讚不絕口，周恩來即席譽之為：「洛陽牡丹甲天下，燕菜開出牡丹來。」從此之後，菜名正式改為「牡丹燕菜」。

「珍郎」很有意思，據宋人陶穀《清異錄・獸名門》的記載，女皇好食「冷修羊」，賜男寵張昌宗（注：曾仕春官侍郎，後封鄴國公）〈冷修羊手札〉，曰：「珍郎殺身以奉國。」關於「冷修羊」這道菜，一說是白切羊肉（注：目前為西安夏季的小吃，多在農曆六月上市，故稱「六月鮮」，據說慈禧太后因其肥而不膩、爛而滑嫩，味道遠勝牛肉，還賜名「美而美」），另一說是羊羔（即日本羊羹及中土羊肉凍之起源）。我個人認為當以後者為是。

另，據《隋唐佳話》的說法，武則天在春暖花開時遊園，見百花盛開，聞滿園花香，一時「龍」心大樂，隨令宮女採百花製成「百花糕」，賜給群臣食用。今法為：烹製前，先把米粉加溫開水調和，再將採集的百花洗淨，瀝乾水，加糖略醃，隨即摻入米糕中或置於米糕上，上籠蒸透取出，待其冷卻後，切成若干小塊食用。武則天雖不以品味見長，但她的隨興演出，卻大大地豐富了中國飲食的內涵，平添了一段食林佳話。

唐中宗李顯是個苦命皇帝，被黜再立，最後遭韋后及安樂公主以毒餅弒之。不過，他的口福匪淺，曾吃到一席當時中外第一名宴，人而如此，亦足以含笑九泉了。此宴即韋巨源向其所獻的燒尾宴。所謂燒尾宴，有二解：其一為唐時仕宦之人，只要新授要職，都要向皇席獻食，稱之為「燒尾」。因當時人認為，黃河鯉魚溯水而上，一跳而躍龍門時，隨即雲雨密布並有天火燒其尾，最後轉化為龍。故士子初躋高位，一如魚躍龍門，必須向真龍天子（皇帝）敬獻美食，象徵鯉魚被天火燒尾，自此脫胎換骨，加入龍的行列，真正得到皇帝的信任和重用（見《譚賓錄》）；其二為除新授大官者要向皇帝獻食外，凡新登第或升遷者，亦要宴請朋僚，「盛置酒饌音樂，以展歡宴，……一云新羊入群，乃為諸羊所觸，不相親附，火燒其尾則定」（見《封氏聞見記》）。足見當時的燒尾宴之多，實不下千百，陶穀居然會收錄此一菜單，其象徵性及重要性，不言可喻。

韋巨源為京兆萬年（今陝西西安）人，武氏當政時，擔任夏官侍郎同鳳閣鸞臺平章事。中宗景龍三年，晉升右僕射，位同宰相。因而循例向皇帝獻了一席燒尾宴，其部分奇異之品，計有五十八味珍饈美點，中宗整整吃了一天，龍心大悅，無庸細述。

一、菜肴：計有三十五味。

（一）「光明蝦炙」（用鮮活蝦油煎或烤製）；（二）「通花軟牛腸」（用羊油烹製的牛腸）；（三）「同心生結脯」（乾牛肉脯，先打結後風乾）；（四）「冷蟾兒羹」（用蛤蜊肉製羹，蛤蜊曾被譽為「天下第一鮮」）；（五）「金銀夾花平截」（截即蠘，一名梭子蟹，此乃用梭子蟹肉包入捲筒）；（六）「白龍臛」（將鱖魚肉作少汁的羹）；（七）「金粟平䭔」（用魚子作餡的炸元宵）；（八）「鳳凰胎」（雜治魚白，應像極今日的燴魚肚）；（九）「羊皮花絲」（切尺長，類似河南固始的桂花皮絲）；（十）「逡巡醬」（魚羊合成之醬）；（十一）「乳釀魚」（即奶湯燒魚，為一九〇〇年冬，陝西名廚李芹溪創製號稱「西秦第一美味」的「奶湯鍋子魚」之前身）；（十二）「丁子香淋膾」（即五香魚膾）；（十三）「蔥醋雞」（用蔥醋等調料入雞腹後上籠蒸）；（十四）「吳興連帶鮓」（浙江吳興醃製的魚鮓）；（十五）「西江料」（蒸豬肩胛肉）；（十六）「紅羊枝杖」（烹羊蹄）；（十七）「昇平炙」（烤羊舌、鹿舌雙拼）；（十八）「八仙盤」（剔出鵝骨，再用鵝肉拼出八種冷盤造型）；（十九）「雪嬰兒」（用綠豆粉作芡，白燒田雞）；（廿）「仙人臠」（加牛奶煮去骨雞）；（廿一）「小天酥」（鹿、雞各半，燉至酥爛）；（廿二）「分裝蒸臘熊」（用熊油蒸臘熊肉，再分盤切成）；（廿三）「卯羹」（即兔肉羹）；（廿四）「青涼臛碎」（碎切狸肉涼拌）；（廿五）「箸頭春」（活炙鵪鶉）；（廿六）「暖寒花釀驢蒸」（爛蒸嵌料驢肉）；（廿七）「水煉犢」（清蒸小牛肉）；（廿八）「五生盤」（用豬、牛、羊、鹿、熊之肉去筋膜，切成如紙薄片後拼碟）；（廿九）「格食」（羊肉、羊腸抹綠豆粉煎炙）；（卅）「過門香」（各種薄肉片或捲或鑲，入沸油鍋中炸透）；（卅一）「纏花雲夢肉」（將蹄捲起，以重物壓住，麻線紮緊，煮極爛，冷卻切用，甚類今日之捆蹄、水晶肘子）；（卅二）「紅羅飣」（用各種禽獸之血製成的小饅頭）；（卅三）「遍地錦裝鱉」（以甲魚為主料，外裹以羊網油，並配以鴨蛋脂，上籠蒸熟）；（卅四）「蕃體間縷寶相肝」（各式花色冷肝拼盤）；（卅五）「湯浴琇丸」（即肉圓子汆湯，今汆丸子之本尊）。

二、飯食點心：計有二十三味。

（一）「單籠金乳酥」（用獨隔通籠蒸製帶乳酥餅）；（二）「曼陀樣夾餅」（以公廳爐烤製成如曼陀羅蒴果狀的爐烤餅）；（三）「巨勝奴」（用芝麻與蜂蜜製成饊子）；（四）「貴妃紅」（加味紅色酥餅）；（五）「婆羅門輕高麵」（一種燙麵製品）；（六）「御黃王母飯」御黃乃供御用之頂級黃米，王母即西王母，「自設天廚，真妙非常」，又，據《膳夫錄》的說法，「王母飯，遍鏤卵脂蓋飯面，裝雜味。」（意即上澆脂油及各種菜肴的蓋飯）；（七）「七返膏」（捏成七層圓花的蒸糕）；（八）「金鈴炙」（近似金鈴印模的烘餅）；（九）「生進二十四氣餛飩」（用二十四種餡料製成的二十四種花形的餛飩，今日西安餃子宴之靈感，即來自此）；（十）「生進鴨花湯餅」（鴨肉切細塊，作花形的湯麵）；（十一）「見風消」（油炸酥餅，形容其質地鬆細，遇風即消散粉碎。今陝西三原名點「泡泡油糕」即師承其意）；（十二）「唐安餤」（數料合成的花餅）；（十三）「火焰盞口䭔」（即開花狀之蒸糕）；（十四）「雙拌方破餅」（用兩種料合拌製成的雙色餅）；（十五）「玉露圓」（雕花酥餅）；（十六）「水晶龍鳳糕」（即棗米糕，方破見花乃進）；（十七）「漢宮棋」（印花棋子麵片）；（十八）「長生粥」（進料的粥品）；（十九）「天花饆饠」（天花即平菇，俗稱鮑魚菇，乃帶餡的麵點）；（廿）「賜緋含香粽子」（即色呈殷紅的淋蜜甜粽）；（廿一）「甜雪」（蜜汁點心）；（廿二）「八方寒食餅」（用木模製成的大餅）；（廿三）「素蒸音聲部」（用麵蒸成的人形點心）。

在這份燒尾宴食單中，飯粥菜肴、小吃點心琳琅滿目，應有盡有。中宗得以大開眼界，大飽口福，自不在話下了。

唐代到了開元年間，天下承平大治，國力臻於頂峰。英主玄宗李隆基晚年耽於逸樂，待烽煙一起，局勢已敗壞，遂不可收拾。而玄宗的宴樂珍肴紀實，均在開元末年及天寶時期，由此亦可知風氣之轉移，與民心之向背，誠一分水嶺也。

曲江坐落在今陝西西安市東南曲江村，以池水曲折而得名，自漢武帝造「宜春苑」於此後，歷來皆為帝王遊樂園地。唐玄宗時，每年上巳日，在此賜宴群僚，及至天寶年間，逢三月三日遊春時，必偕楊貴妃及其兄弟姊妹等，在曲江舉辦遊宴，詩聖杜甫的〈麗人行〉即詠此事，詩云：「三月三日天氣新，長安水邊多麗人。態濃意遠淑且真，肌理細膩骨肉勻。繡羅衣裳照暮春，蹙金孔雀銀麒麟。……紫駝之峰出翠釜，水精之盤行素鱗。犀箸厭飫久未下，鸞刀縷切空紛綸。黃門飛鞚（馬勒）不動塵，御廚絡繹送八珍。簫鼓哀吟感鬼神，賓從雜遝實要津。……」生動地描繪出曲江遊宴的陣仗與其排場之闊，令人歎為觀止。

玄宗偏嗜鹿肉。據《舊唐書・宗室志》記載：「開元二十三年秋，唐玄宗狩獵於近郊咸陽原上，有大鹿興於前贔（音閉，石碑下所刻之形似龜者，此指石碑），然其軀，頗異於常者，上命弓射之，一發而中，反敕廚吏炙。」原來唐玄宗獵得此鹿後，即令廚師現宰剝皮烤肉，並以珍饈視之。

又，《太平廣記・御廚》指出：唐玄宗喜食新鮮鹿肉，常令弓箭手獵幼鹿，並從其身上取血，灌入鹿腸中，煮熟趁熱切片而食。據說滋味極美，遂賜名「熱洛河」，除自家受用外，還賞賜給愛將安祿山及哥舒翰品嘗哩！

其時，身任平盧、范陽、河東三鎮節度使，兼領御史大夫，統領十五萬兵馬的安祿山聖眷正隆，《酉陽雜俎》上說他「恩寵莫比，其賜膳品，每有『野豬鮓』」。此野豬非比尋常，牠「形如家豬，但腹小腳長，毛色褐。……其肉赤如馬肉，食之勝家豬，牡（公）者肉更美。……補肌膚，益五臟，令人虛肥，不發風虛氣」。此「野豬鮓」的製法，載之於《齊民要術》中，耗時費工，成品以蒜齏或薑醋汁蘸著吃，堪稱無上妙品。如用充（雜燴）或炙，亦珍貴異常。安祿山或許吃多了野豬鮓，故身體肥胖，「腹垂過膝」。至於唐玄宗本人，當然也吃得不亦樂乎嘍！

宋代武功不振，文化、經濟卻欣欣向榮，在此種特殊的背景下，自然會孕育出好文藝又精飲食的皇帝，南北宋之際的宋徽宗與宋高宗父子，即是其中的佼佼者。

宋徽宗趙佶乃中國藝術史上的頂尖人物，他在位二十五年間，因崇奉道教，自稱教主道君皇帝，又因自己是皇帝，故喜歡在書畫作品上落款為「天下一人」。事實上，能詩善畫，更精於書法，於文物鑒賞，俱有高超才華的趙佶，其書法上的成就尤其傑出，在楷書方面，創造出「瘦硬通神，有如切玉」的瘦金書，號稱「意度天成，非可以形跡求也」。草書則如江河大川，波濤奔騰，滾滾直下，磅礡之勢，動人肺腑，且自始至終無一倦筆。

宋朝皇帝的生日那天，稱天寧節，徽宗的生日為農曆十月初十，循例要舉辦皇壽宴，由於此宴規模甚大，加上排場考究，且親王宗室、滿朝文武及外國使節都會應邀參加，以致孟元老在其名著《東京夢華錄》中，便收錄其食單，留下可貴史料。

此宴所設的菜點、用餐順序及禮儀如下：

（一）每人面前陳列環餅、油餅、果子（即各式點心）、棗塔及豬羊雞鵝兔連骨熟肉為看盤，「皆以小繩束之」，另備生蔥、生韭、生蒜、醋等調作料，各用小碟盛好，三五人共座，置漿水（即酒）一桶。又，大殿欄杆邊有專斟御酒的酒官，隨著樂聲及引贊唱聲斟酒。

（二）敬酒、上菜及宴會儀式、表演等皆有定規，十分隆重。

上第一盞御酒，歌板色，一名唱中腔，一遍訖，先笙與簫、笛各一管和，又一遍，眾樂齊舉，獨聞歌者之聲，宰臣酒，樂部（即演奏班子）起傾杯，百官酒，為壽宴揭開序幕。

上第二盞御酒，歌板色唱如前，宰臣及百官再次向皇帝進酒祝壽；準備欣賞歌舞表演。

上第三盞御酒，「左右軍百戲（即上竿、跳索、倒立、折腰、觔斗等雜耍）進場」，侍者捧出下酒肉、「鹹豉」、「爆肉」、「雙下駝峰角子」（此點心乃近世「咖哩餃」、「蜂巢芋角」等鹹點之前身）。

上第四盞御酒，左右軍百戲表演如初，端出有蓋的酒器、「炙子骨頭」（將帶骨豬硬肋肉醃漬入味後，用炭火烤製而成，其特點為色澤紅潤、軟嫩鮮香。食時佐以蔥段或蘿蔔片，風味更佳）、索粉（今粉絲）和「白肉胡餅」。

上第五盞御酒，樂人先獨奏琵琶，待雜戲表演完畢，下酒菜如「群仙炙」、「天花（即鮑菇）餅」、「太平饆饠」、乾飯、「縷肉羹」（即肉絲羹，今上海菜三絲湯之源頭）、「蓮花肉餅」陸續端來。

上第六盞御酒，用笙奏慢曲子，宰臣先奉觴上壽，接著再奏慢曲子，百官依序祝壽。其下酒菜為「假黿魚」、「蜜浮酥捺花」（類似今日的蜜麻花或蜜子）。

上第七盞御酒，仍演奏慢曲子，宰臣及百官上壽畢，進下酒菜排「炊羊」、「胡餅」、「炙金腸」。

上第八盞御酒，歌板色唱踏歌，再奏慢曲子，群臣飲畢，上「假沙魚」、「獨下饅頭」、「肚羹」等下酒。

上第九盞御酒，依舊用慢曲子，宰臣及百官完成進酒祝壽儀式，品嘗「簇飣下飯」（什錦飯）及「水飯」（湯泡飯）。

宴會結束後，皇帝即離殿，與會臣工與使節皆帽上簪花，各自返回私邸。

當然啦！宋徽宗所嘗過的珍味絕不止此。但如此豐盛的肴點，光是想像，亦足以令人垂涎三尺。

靖康之難時，徽（時趙佶已退位，當太上皇）、欽二帝被俘，康王趙構即位臨安（今杭州），是為高宗。他本人亦長於書法，《書史會要》云：「高宗善真行草書，天縱其能，無不造妙，……自成一家。」他晚年亦步乃父後塵，當個太上皇，樂得到處遊山玩水吃喝，過得好不快活。

紹興二十一年十月，高宗幸清河郡王張浚的宅第，張浚為了巴結皇上，使出渾身解數，進獻一席御宴，其內容之精妙，堪稱一時之最，周密的《武林舊事》特地記載如下——

一、繡花高飣一行八果壘：香圓（櫞）、真柑、石榴、棖子、鵝梨、乳梨、榠樝、花木瓜。

二、樂仙乾果子叉袋兒一行：荔枝、圓眼、香蓮、榧子、榛子、松子、銀杏、梨肉、棗圈、蓮子肉、林檎旋、大蒸棗。

三、縷金香藥一行：腦子花兒、甘草花兒、硃砂圓子、木香丁香、水龍腦、史君子、縮砂花兒、官桂花兒、白朮人參、橄欖花兒。

四、雕花蜜煎一行：雕花梅球兒、紅消兒、雕花、蜜冬瓜魚兒、雕花紅團花、木瓜大段兒、雕花金桔、青梅荷葉兒、雕花薑、蜜花兒、雕花棖子、木瓜方花兒。

五、砌香鹹酸一行：香藥木瓜、椒梅、香藥藤花、砌香櫻桃、紫蘇柰香、砌香萱花柳兒、砌香葡萄、甘草花兒、薑絲梅、「梅肉餅兒」、水紅薑、「雜絲梅餅兒」。

六、脯臘一行：「肉線條子」、「皂角鋌子」、「雲夢豝兒」、「蝦臘」（將蝦鹽煮曬乾）、「旋酢」（即羊肉酢）、「肉臘」、「酒醋肉」、「肉瓜齏」、「金山鹹豉」、「奶房」（即蠣乾）。

七、垂手八盤子：揀蜂兒、番葡萄、香蓮事件念珠、巴欖子、大金桔、新椰子象牙板、小橄欖、榆柑子。

欣賞及品嘗以上的肴點水果後，高宗歸坐，再奉上——

一、切時果一行：春藕、鵝梨餅子、甘蔗、乳梨月兒、紅柿子、切棖子、切綠桔、生藕鋌子。

二、時新果子一行：金桔、鹹楊梅、新羅葛、切蜜蕈、切脆棖、榆柑子、新椰子、切宜母子、藕鋌兒、甘蔗柰香、新柑子、梨五花子。

三、雕花蜜煎一行：同前。

四、砌香鹹酸一行：同前。

五、瓏纏果子一行：荔枝甘露餅、荔枝蓼花、荔枝好郎君、瓏纏桃條、酥胡桃、纏棗圈、纏梨肉、香蓮事件、香藥葡萄、纏松子、糖霜玉蜂兒、白纏桃條。

六、脯臘一行：同前。

七、下酒十五盞：第一盞為「花炊鵪子」、「荔枝白腰子」（將腰子剞成荔枝狀）；第二盞為「奶房簽」、「三脆（嫩筍、小蕈、枸杞頭）羹」；第三盞為「羊舌簽」、「萌芽肚胘」；第四盞為「肫掌簽」、「鵪子羹」；第五盞為「肚胘膾」、「鴛鴦炸肚」；第六盞為「沙魚膾」、「炒沙魚襯湯」；第七盞為「鱔魚炒鱟」、「鵝肫掌湯齏」；第八盞「螃蟹釀棖」、「奶房玉蕊羹」；第九盞「鮮蝦蹄子膾」、「南炒鱔」；第十盞為「洗手蟹」（蟹微糟而帶生）、「鯽魚假蛤蜊」；第十一盞為「五珍膾」、「螃蟹清羹」；第十二盞為「鵪子水晶膾」、「豬肚假江鰩」（即瑤）；第十三盞為「蝦棖膾」、「蝦魚湯齏」；第十四盞為「水母膾」（海蜇片）、「二色繭兒羹」；第十五盞為「蛤蜊生」（生醃蛤蜊，今多用蜆）、「血粉羹」（以羊血為之）。

八、插食：「炒白腰子」、「炙肚胘」、「炙鵪子脯」、「潤雞」、「潤兔」、「炙炊餅」、「炙炊餅臠骨」。

九、勸酒果子庫十番：砌香果子、雕花蜜煎、時新果子、獨裝巴欖子、鹹酸蜜煎、裝大金桔小橄欖、獨裝新椰子、四時果四色、對裝揀松番葡萄、對裝春藕陳公梨。

十、廚勸酒十味：「江瑤炸肚」、「江瑤生」（注：《宋氏養生部》記其作法，「取生肉滌潔，細絲如箸頭大，沸熱酒烹食之。細作縷，生和胡椒、醋、鹽、赤砂糖，冷食之。」）、「蝤蛑（即梭子蟹）簽」、「薑醋生螺」、「香螺炸肚」、「煨牡蠣」、「牡蠣炸肚」、「薑醋假公權」、「假公權炸肚」、「蟑蚷炸肚」。

接著準備上細壘四桌，後又增加二桌蜜煎鹹酸時新臘脯等件。

一、對食十盞二十分：「蓮花鴨簽」、「繭兒羹」、「三珍膾」、「南炒鱔」、「水母膾」、「鵪子羹」、「鱭魚（即鱖魚）膾」、「三脆羹」、「洗手蟹」、「炸肚肱」。

二、對展每分時果子五盤兒：知省、御帶、御藥、直殿官、門司。

三、晚食五十分各件：「二色繭兒」、「肚子羹」、「笑靨兒」、「小頭羹飯」、「脯臘雞」、「脯鴨」。

四、直殿官大碟下酒：「鴨簽」、「水母膾」、「糟蟹」、「鮮蝦蹄子羹」、「野鴨」、「鯽魚膾」、「七寶膾」、「紅生水晶膾」、「洗手蟹」、「五珍膾」、「蛤蜊羹」。

五、直殿官合子食：「脯雞」、「油飽兒」、「野鴨」、「二色薑豉」、「雜爊」、

「入糙雞」、「廣魚」、「麻脯雞臟」、「炙焦」、「片羊頭」、「菜羹一葫蘆」。

六、直殿官果子：時果十隔碟。

最後準備上「薛方瓠羹」。

這席精采絕倫的御宴，雖內容有重複處，但每味光吃它一口，亦足以使人消受不起了。起初，高宗對這頓飯並無信心，還帶了馮藻及潘邦這兩位御廚隨行，竟無用武之地。由此可見，張浚的曲意逢迎及高宗的無上口福，並世無雙。

又，周密在《武林舊事》中指出，孝宗淳熙六年，太上皇（即高宗）遊西湖，命盡買湖中魚龜放生，並宣喚在湖邊做買賣的，各有賜與。設攤於此的宋五嫂適逢其會，獻上親炙的魚羹，趙構食之而甘，不免讚歎一番，又憫五嫂年老，多賜金銀絹匹。而宋五嫂的魚羹，自太上皇嘉許後，其小吃攤「人所共趨」，遂成一方珍味，現為杭州名菜。歷來文人墨客吟詠者不少，如陶元藻有詩云：「潑刺（魚躍水面之聲）初聞柳岸旁，客樓已罷老饕嘗，如何宋嫂當壚後，猶論魚羹味短長。」不過，「宋嫂魚羹」與「西湖醋魚」並非同一菜肴，很多人將之攪和在一塊兒，趙構如地下有知，肯定會笑破肚皮。

朱元璋與劉邦同樣是出身自平民的皇帝，故和他相關的飲食軼事亦多，諸如「臭豆腐」、「瓤豆腐」、「烤鴨」、「長壽菜」、「油炸麻雀」數種，乃其中最膾炙人口者，至今仍是廣受人們懷念的佳肴美點。

又，自古以來，南京盛產鴨子，質精量巨，冠於全國，故有「金陵鴨饌甲天下」之說。相傳朱元璋攻下揚州後，擄得一批烤鴨師傅，於是他們將明宮廷飼養膘肥色白、肉質鮮嫩的穀餵之鴨整治後，用燜爐方式，以炭火燒烤，使鴨子皮黃酥香、肥而不膩，極為可口，遂成明宮珍饌，為朱元璋所喜食。待惠帝繼位，燕王朱棣起兵「靖難」，攻克南京，於燕京（今北京）即皇帝位，是為成祖。他老兄亦愛食此一尤物，烤鴨之法由是北傳，成為北京名食。現「北京烤鴨」已名滿天下，且有「不到長城非好漢，不吃烤鴨真遺憾」之諺。

一名「長壽菜」的「燒香菇」，亦是朱元璋愛食的美味。據浙江《慶元縣志》收錄李師頤在〈改良段木種香菇〉之記載：「父老相傳，龍泉、景寧、慶元三縣種菇（指香菇，素有「蘑菇皇后」之譽，歷來為素菜之冠），始於元末明初。明太祖奠都金陵，因祈雨茹素，苦無下酒物，劉基以菇進獻，太祖嗜之甚喜，諭令每歲置備若干，列為貢品。」後來，朱元璋不論在常膳或國宴中，都少不得燒香菇一味，還賜名為「長壽菜」，其推重可知。

另，朱元璋率軍攻打太平府，路過和縣之際，此時正值清晨，麻雀（北方人稱鐵雀，廣府人稱禾花雀，性極淫，能「益陽道，補精髓」）成群飛來，一直聒噪不休，元璋聽著心煩，便令士兵射殺，滿地都是雀屍。士兵們收集後，整治再予油炸，結果酥香四溢，十分可口。元璋之妻馬秀英（即日後馬皇后）食罷，讚不絕口，乃取一盤「油炸麻雀」給他品嘗，元璋非常欣賞，後竟成明宮常饌（名「煠鐵腳小雀加雞子」）。「油炸麻雀」從此譽滿皖中，至今仍是安徽太和的著名野味之一。

明太祖之後，歷代君王所吃的「珍味」，除明武宗朱厚照的「游龍戲鳳」及明世宗朱厚熜的「蟠龍菜」等零星記載外，僅明太監劉若愚《酌中志‧飲食好尚紀略》（注：所記為明神宗萬曆朝至明思宗崇禎初年的宮廷事跡）內載明先帝（注：應指明熹宗朱由校）愛吃「炙蛤蜊」、「炒鮮蝦」、「田雞腿」及「筍雞脯」，又喜歡將海參、鰒（即鮑）魚、沙魚筋（即魚翅）、肥雞、豬蹄筋共燴一處，名「三事」（注：有人考證此乃「佛跳牆」之起源，尚未形成共識）。此外，他亦喜食鮮蓮子湯及用鮮西瓜種子微加鹽焙用（類似瓜子）等，此以今日觀之，似非特別美味，但大內所精心烹調者，絕非凡品可及。

在明熹宗天啟朝前，後金（即清）太祖努爾哈赤已在赫圖阿拉（今吉林省通化市）稱可汗，國號金。史稱後金。努爾哈赤曾在明遼東總兵李成梁府中，「留帳下卵翼如養子」，此時他才十六歲。由於他從小備受繼母虐待，為了獨立生活，便親操刀俎，能燒一手好菜，尤其是滿洲人祭祖用的「阿瑪尊肉」（注：據姚元之《竹葉亭雜記》載：「祭用豕……煮豕既熟，按豕之首、尾、肩、肋、肺、心排列於俎，各取少許，切成飣，置大銅碗中。」）更是手藝熟，能得其神髓。努爾哈赤有回將阿瑪尊肉換個花樣，易煮為煎，其味彌佳。李成梁吃後很滿意，問菜何名？努爾哈赤回稱，此菜之名為「黃金肉」。據說慈禧太后品嘗此一佳肴後，對左右道：「這是先祖賜予兒孫們的珍饈，切切不能忘懷。」

待清聖祖玄燁在位期間，年號康熙。他本人好學敏求，勤於政事，加上雄才大略，在位六十一年，文治武功均盛，博得「千古一帝」之令譽。雖曾六下江南，但其飲食好尚，仍以北味為主，「烤鹿肉」、「烤鹿肝」、「八寶豆腐」及「清蒸細鱗魚」等，都是他喜歡的美味，前二者還自己動手燒烤哩！

據康熙皇帝的數學教師、法國傳教士張誠在康熙三十一年八月十六日的日記寫著：「皇帝陛下於天亮以前，便起身去捕獵公鹿。到吃早飯時，已經走了二十里路，又繼續走了約十里路，才進入山區，在那兒皇帝獵獲了一隻五百多磅的公鹿。……兩點前後，陛下就吩咐準備晚餐。他親自整理自己打來的那隻鹿的肝。肝和臀部的肉，在這裡被看作最精美的部分。他的三個兒子和兩個女婿幫著他。皇帝把韃靼（即韃靼）人古時收拾鹿肝的方法教給他們，感到很開心。把片片鹿肝分給他的兒子們、女婿們和身邊的官員，同樣地，我也榮幸地從他手裡接到一片。每個人都開始模仿皇帝和他的兒子們的樣子去烤肉。」由本文中可看出康熙不僅喜於狩獵，同時對食材的良窳，以及韃靼人烤肉的要訣，都下過一番研究，知味而外，亦擅燒烤。

又，同年月十九日，張誠的日記上再寫道，「天剛破曉，皇帝出發去打鹿……在三次圍獵中，獵獲了二四十隻公鹿和子。」黃昏時，「他把自己吃的那塊肉烤好，其餘的人都按照他的樣子去烤，他看見我也像別人一樣去烤肉，感到很高興。他來不及說話，就把親手收拾的鹿肉給了我一些。」文中並未述及康熙如何烤鹿肉，但清代飲食鉅著《調鼎集》內，卻記載著其方法，云：「炙鹿肉，整塊肥鹿肉，叉架炭火上炙，頻掃鹽水，俟兩面俱熟，切片。」看來烤的方式並不難，好吃與否的關鍵，應在火候的拿捏及臠切的刀工。

清人陳存仁在《津津有味譚》一書提及：盛京（今瀋陽市）大地，山珍之外，尚有「陸珍既牣（音認，指滿），海錯亦繁，鯉魴鱒鱖，鰻鯽鱅鰱，鰷鯛鱧鰔，比目分合，重唇浮湛，劍飾鮫翅，柳炙細鱗。」此細鱗魚原產於遼陽太子河，後為專供康熙垂釣和烹製之用，乃移殖到承德避暑山莊、木蘭圍場內的伊遜河、伊瑪吐河、吐力根河的水域內。每次康熙在此釣得細鱗魚，除親自烹製食用外，並賞賜給隨從官員。例如康熙四十二年七月，皇帝釣得此魚後，即賜給從臣常州人汪灝。他還對汪灝說：「南人食魚，以鰣魚為最，不知烏喇（指吉林）之細鱗魚、柘條兩種，其味更勝。此處河中已有細鱗魚。」康熙接著指出其特點，云：「其魚長尺餘，鱗細如粟，金光燦目，而鱗背上黑斑如豆，排列成行，魚腹一線中分，脊翅後多一軟翅，嘴有重唇，是魚中罕見者。」至於康熙的吃法除清蒸外，亦會用柳葉包裹烤熟，其味之佳美，自不在話下。

「八寶豆腐」是康熙愛食的御膳之一，曾賜給大臣如江蘇巡撫宋犖、刑部尚書徐乾學等享用。其製法袁枚收錄在所撰的《隨園食單》內，云：「用嫩片（指豆腐）切粉碎，加香蕈屑、蘑菇屑、松子仁屑、瓜子仁屑、雞屑、火腿屑，同入濃雞湯中炒滾起鍋。用腐腦亦可。」由於柔融立化，故品嘗之時「用瓢不用箸」。由於這道菜特別適合老人家受用，所以康熙在頒給宋犖的聖旨中，才會說：「朕有自用豆腐一品，與尋常不同，因巡撫是有年紀的人，可令御廚太監傳授與巡撫廚子，為後半世受用。」（見《西陂類稿》）體貼關照老臣，可謂無微不至，難怪成就一代盛世。

比起其祖康熙來，乾隆（名弘曆）一朝，國力達到頂峰，是清朝的全盛時期。乾隆本人非常好吃，以致這一時期，清宮御膳中的筵席規模和技藝水平，都達到空前水準。加上基於政治上的需要，他個人喜遊好覽及追求口腹之慾，是以在他執政期間，北巡盛京，西謁五台，東朝曲阜，南遊蘇揚。所到之處，膳事盛況空前。亦因他的豪飲奢食，對各地官府中的烹調和市肆民間烹飪，都產生了深遠影響。我們今日所豔稱的「滿漢全席」，即發軔於乾隆朝的揚州。

設御茶膳房檔案處，乃乾隆功在食林的一大創舉，藉由這些膳事檔案，我們才能了解清宮頂級御膳的食單，其規模宏大及品多料繁，不只當時全球首屈一指，而且空前絕後。在現保存的檔案中，有的記錄了宮中的日常膳食，如〈乾隆元年至三年照常膳底檔〉、

〈乾隆四十四年十月至四十五年正月節次照常膳底檔〉、〈蘇造底檔〉等；有的記錄乾隆到各地巡遊時的日常膳食，如〈盛京節次照常膳底檔〉、〈五台山節次照常膳底檔〉、〈山東節次照常膳底檔〉、〈江南節次照常膳底檔〉、〈駕次熱河哨鹿節次膳底檔〉等均是；有的則記錄宮內各種膳事的底檔，如〈四季供底檔〉、〈進小菜底檔〉等，五花八門，令人目不暇給，心醉神馳。

若論乾隆個人最喜食的佳肴，首推「掛爐鴨子」（即「明爐烤鴨」），與明宮的燜爐不同，進行燒烤時，烤鴨師傅須用吊竿，規律地換磚砌烤爐中鴨子的位置，以便將鴨子全身都烤到，但鴨子不能直接觸及旺火，工夫到家，必皮酥脆，肉香嫩，腴而不膩，兼有果木香氣，今舉世知名的北京「全聚德」烤鴨，即採此法）。據故宮〈五台山節次照常膳底檔〉的記載，僅乾隆二十六年三月初五至十七日的十三天中，他就吃了六次「掛爐鴨子」。後來他下江南，依乾隆三十年的〈江南節次照常膳底檔〉，從正月十七日到二十五日間，在各個行宮的膳底檔中，即八用「掛爐鴨子」。如十七日在黃新莊行宮的晚膳中，有「掛爐鴨子晾肚子」一品，有「掛爐鴨子鹹肉」一品；十八日在涿州行宮進早膳，有「燕窩肥雞掛爐鴨子野意熱鍋」一品。十九日在紫泉行宮進早膳，有「掛爐鴨子塞勒攢」一品。二十一日在思賢村行宮進早膳，有「燕窩肥雞掛爐鴨子野意熱鍋」一品；又在太平莊行宮晚膳，有「火熏鴨子」一品。二十二日在紅杏園行宮進晚膳，有「掛爐鴨子掛爐肉燉白菜」一品。二十四日在新莊行宮進早膳，有「燕窩肥雞掛爐鴨子」一品。二十五日在德州恩泉行宮進早膳，有「冬筍烹掛爐鴨絲、肘子絲、雞蛋絲」一品。

由上可見，乾隆吃掛爐鴨子，不拘早晚（注：他一日二餐），且吃法多變，比現在通行的烤鴨三吃，實在精采多了。

此外，乾隆亦對南小菜情有獨鍾。所謂南小菜，即江南出產的醬菜，其中又以揚州的「醬乳黃瓜」，最受青睞，是當時的貢品，專供宮中御用。此小菜妙在爽脆，乃過口的轉味上品，它與四大炒醬（即「炒黃瓜醬」、「炒青豌豆醬」、「炒胡蘿蔔醬」、「炒榛子仁醬」）一樣，都是每頓御膳裡不可或缺之品。

乾隆即位之初，御膳以滿族燒烤及魯菜（即山東菜，自明朝遷都北京後，宮中御廚泰半為山東人，清沿明制，故前期魯菜獨多）為主。像乾隆二十五年，他和阿哥們在承德避暑山莊的五十三天中，共食羊一四五五隻，平均每日食二十七隻多。又，他第一次下江南時（注：十六年，即西元一七五一年，時年四十一歲），對江南飲食並無信心，特地準備北羊一千隻，牛三百頭，提前運往鎮江、宿遷候用，蓋羊肉和牛奶為滿族人主食。自從他見識到江南的美味後，飲食不再獨沽一味，而是南北融匯，甚至重南輕北。如乾隆四十三年七月至九月，在他巡視盛京期間，所用御廚以燒蘇揚菜為主，所烹皆江南風味，像「鴨子東坡肉」、「東坡蹄旋子」、「徽州肉白鴨子蘇膾」、「糖醋櫻桃肉」、「燕窩白鴨子」、「五香雞」、「蘇州熱鍋」、「酸辣羊肚」等即是。

另，乾隆晚年，雖仍味兼南北，但南味比重過半。如〈乾隆四十四年五月節次照常膳底檔〉的記載，食單中北方風味的菜肴，有「肉鹿尾羊烏叉攢盤」、「全豬肉絲湯」、「全羊肉絲」湯、「野雞酸菜湯」等；南方風味的菜肴則有「江米鑲藕」、「蒸螃蟹羹」、「糖醋鍋渣」、「肉絲水筍絲」、「山藥鴨羹」和「糯米鴨子」等。且在此舉三例說明，乾隆愛吃的江南菜色，及因其特殊機緣而形成的佳肴——

其一為「九絲湯」。相傳乾隆下江南時，揚州的地方官及鹽商們，無不挖空心思，獻上美饌佳肴，九絲湯即是其一。此菜係用干絲、雞絲和火腿絲加雞湯燴製而成，其味至鮮至美，聖上品嘗之後，自然讚不絕口，於是名揚全國。為了避免僭越，這道菜日後易名為「雞火干絲」，深為外國賓客所喜，向有「東南佳肴」之譽。

其實學切干絲，乃揚州廚子入門的基本功之一，日久自見功力，屬於專門技藝。一塊豆腐乾子，最少要剖半切出十三片；能切出二十片以上的，即是個中高手。至於切出來的干絲，不但要長短劃一，而且毫釐不失，如此才算合格。

又，揚州干絲以拌（俗稱燙）的，最能表現出其綿軟腴潤，因為乾隆之故，日後禮敬貴客，必須改用煮的。拌的澆頭極多，可達二十餘種，如非真正行家，鐵定叫不出個所以然來。

其二為「砂鍋魚頭豆腐」。據說乾隆遊西湖時，來到吳山下，正逢大雷雨，便在一小飯堂內躲雨，飢寒交迫，狼狽不堪。店東王小二乃將店內僅存的鰱魚頭和豆腐，加些作料，用砂鍋煮成一大鍋，端給乾隆充飢去寒。乾隆嘗罷，大讚味美，始終念念不忘。再度遊西湖時，便在店內題上「皇飯兒」三字。王小二從此專治此味，吏民爭相光顧，生意大為興隆。

其三為「松鼠魚」。話說乾隆下江南時，曾在蘇州的「松鶴樓」嘗到「松鼠鯉魚」，驚為人間美味，此事轟傳全城，飯館競相仿製。「松鶴樓」為獨擅此味，乃精益求精，以名貴的鱖魚代替鯉魚，被譽為「蘇菜之冠」，名聞遐邇。《調鼎集》敘述其作法為：「取鯚（即鱖）魚肚皮，去骨，拖蛋麵，炸黃，成松鼠式，油、醬澆。」迨政府遷台時，因台灣無鱖魚，多以黃魚入替，向為席上之珍，是道高檔名菜。

除以上犖犖大者外，揚州炒飯、雞肝等都和乾隆搭上關係，但屬捕風捉影，全屬無稽之談。

還有兩道菜也與乾隆有所牽扯，分別是御廚燒製的「雞米鎖雙龍」和出自山東孔府的「油潑豆莛」。

前者相傳乾隆六下江南，在回鑾抵京後，御廚景啟特地用海參、黃鱔和雞脯肉製作一款新菜，敬獻皇上享用。當此菜上桌時，但見盤四周為潔白的雞肉，正中則是紅燒的海參與鱔段。乾隆覺得新鮮，便召景啟前來，詢問此菜何名？景啟回奏說：「此為『雞米鎖雙龍』。雞丁即雞米，鱔魚與海參乃雙龍。萬歲爺年號帶隆（音同龍），又是真龍天子，故名雙龍，中間用鎖字，意即大清江山永固。」乾隆聞罷大悅，即賞其三品頂戴，一時轟動清宮。待景啟年老告退，北京「致善樓」立刻禮聘他為頭廚，此菜因而流傳民間。

後者為乾隆將公主下嫁孔府後，便與「天下第一家」結成親家。皇上心疼愛女，在其下江南時，不免繞道探視。衍聖公豈敢怠慢，自然全力承應，使出渾身解數。但見山珍羅列，海錯競鮮，佳肴魚貫而上，令人眼花撩亂。時值盛暑，萬歲爺哪有胃口，壓根兒沒動過筷子。這可急壞了在一旁侍膳的衍聖公，急令廚師設法，只盼龍口能開。

廚師臨危授命，突然靈機一動，將綠豆芽掐頭去尾，先以滾水一焯，再用幾粒花椒爆鍋，然後將豆芽略加煸炒，馬上盛盤敬獻。由於在忙亂中，花椒沒有揀淨，一派質樸天然，更顯「冰清玉潔」，乾隆甚感好奇，便問菜裡的黑粒是啥玩意？衍聖公稟以這是用來提味的花椒。或許出於新鮮，皇帝嘗了一口，竟使食慾大增，吃了不少珍饈。衍聖公終於放下心裡的一塊大石頭，日後他想起這道菜，既使自己脫困，更蒙父皇讚賞，的確意義非凡，為了永誌不忘，遂成孔府常饌，一直流傳至今。又，所謂的豆莛，其實就是綠豆芽，這是山東地區的叫法。

乾隆不僅對美食十分考究，對飲用水更是一絲不苟。每次出巡時，不忘攜一銀製小

廣　告　回　信
板橋郵局登記證
板橋廣字第83號
免　貼　郵　票

舒讀網「碼」上看

235-53

新北市中和區建一路249號8樓

印刻文學生活雜誌出版有限公司　收

讀者服務部

姓名：＿＿＿＿＿＿＿＿　性別：□男　□女

郵遞區號：＿＿＿＿＿＿＿＿

地址：＿＿＿＿＿＿＿＿

電話：（日）＿＿＿＿＿＿＿＿（夜）＿＿＿＿＿＿＿＿

傳真：＿＿＿＿＿＿＿＿

e-mail：＿＿＿＿＿＿＿＿

INK

INK PUBLISHING 讀者服務卡

您買的書是：＿＿＿＿＿＿＿＿＿＿＿＿

生日：　　年　　月　　日

學歷：□國中　□高中　□大專　□研究所（含以上）

職業：□學生　□軍警公教　□服務業

□工　□商　□大眾傳播

□SOHO族　□學生　□其他＿＿＿＿＿＿＿＿

購書方式：□門市＿＿＿書店　□網路書店　□親友贈送　□其他＿＿＿

購書原因：□題材吸引　□價格實在　□力挺作者　□設計新穎

□就愛印刻　□其他＿＿＿＿＿＿＿＿＿（可複選）

購買日期：＿＿＿＿年＿＿＿＿月＿＿＿＿日

你從哪裡得知本書：□書店　□報紙　□雜誌　□網路　□親友介紹

□DM傳單　□廣播　□電視　□其他

你對本書的評價：（請填代號　1.非常滿意　2.滿意　3.普通　4.不滿意）

書名＿＿＿　內容＿＿＿封面設計＿＿＿版面設計＿＿＿

讀完本書後您覺得：

1.□非常喜歡　2.□喜歡　3.□普通　4.□不喜歡　5.□非常不喜歡

您對於本書建議：

感謝您的惠顧，為了提供更好的服務，請填妥各欄資料，將讀者服務卡直接寄回或傳真本社，我們將隨時提供最新的出版、活動等相關訊息。

讀者服務專線：（02）2228-1626　讀者傳真專線：（02）2228-1598

方斗隨行，便於稱量泉水重量。足跡所到之處，必用此精量各地泉水，以定優劣。結果玉泉山之水，水分最清，水味最甜，水質最輕，其質尚在濟南珍珠泉水、鎮江金山泉水、杭州虎跑泉等名泉之上。為此，乾隆還親自撰寫〈玉泉山天下第一泉記〉一文，並刻石立碑，文曰：「嘗製銀斗較之，京師玉泉之水，斗重一兩；塞上伊遜之水，亦斗重一兩。濟南之珍珠泉，斗重一兩二釐；揚子江金山泉，斗重一兩三釐，則較之玉泉重二三釐矣。至惠山、虎跑，則各重玉泉四釐，平山重六釐；清涼山、白河、虎丘及西山碧雲寺，各重玉泉一分。然則更輕於玉泉者有乎？曰：『有，乃雪水也。』嘗收集而烹之，較玉泉斗輕三釐；雪水不可恆得，則凡出山下而有洌者，誠無過京師之玉泉，故定為天下第一泉。」

他除了每年每月定時派專人到玉泉山取泉水，還用此泉水釀酒，其法為用糯米，加上大豆、花椒、芝麻、箬竹葉等，取玉泉水添麴釀製而成，稱之為「玉泉旨酒」。酒液晶亮透明，酒質醇正柔和，酒香清雅精純，入口綿甜爽洌，餘香回味不盡。乾隆每晚都會喝上二兩，再飲大內精釀的龜齡酒、松苓酒，其能成為古稀天子，絕非偶然。

乾隆本非食肉一族，性亦愛茹素。如他在南巡期間，曾到常州天寧寺遊覽，午時在此用膳。住持以素饌進於乾隆，他食之而甘，笑著對住持說：「蔬食殊可口，勝鹿脯熊掌萬萬矣。」正因他取徑甚廣，才能博採眾長，成就一代吃功。其偉績似乎不在他引以為傲的「十全武功」之下。若論及古今帝王口福，無人能出其右。

我曾謂當個美食家，要「愛吃、能吃、敢吃、懂吃」，加上有錢有閒，且身子要好；帝王雖然得天獨厚，最有機會成為老饕，然而造化弄人，具備有利條件三項以上者，卻屈指可數。這也難怪古人會視口福為無上福氣，等閒不易獲致。

•「爆肉」作法

即油爆肉，依《宋氏養生部》記載其製法：「取熟肉、細切膾，投熟油中爆香。以少醬油、酒燒，加花椒、蔥，宜和生竹筍、茭白絲，同爆之。」

•「雙下駝峰角子」作法

角子即餃子，據《居家必用事類全集》記載：「駝峰角兒，麵二斤半，入溶化酥十兩，或豬羊油各半代之，冷水和鹽少許，揉成劑，用骨魯槌作皮，包炒熟餡子，捏成餃兒，入爐熬，即煎食物熟供。素餡亦可。」

•「臭豆腐」典故

話說調皮搗蛋的朱元璋在年幼時，因得罪了員外，慘遭辭退，他無以為生，只好棲身破廟與小叫化子為伍，以乞討度日。莊子裡的長工可憐他，得便會弄點殘羹剩飯並一塊豆腐，藏於莊後的稻草垛裡，供朱元璋取食。

有一次，朱元璋呼朋引伴跑去十里外的廟會趁食。隔了好幾天才回來。長工們不明其行蹤，照樣將食物置於稻草垛裡。等到朱元璋回來後，取出一看，飯菜皆已餿壞，豆腐則長青毛。由於餓壞了，才不管三七二十一，將豆腐用破罐裡的殘油一煎，香氣撲鼻，食之甚美，因而久久不忘。等到朱元璋起義反元，揮師往徽州前，想起昔日美味，特命伙伕製作，以此犒賞三軍。從此之後，「油煎毛豆腐」遂在徽州、屯溪、休寧一帶流傳。經幾百年的不斷改進，「臭豆腐」不僅成為當地的傳統美食，而且聲名遠播，現已舉世知名。台灣目前所流行的，為「炸臭豆腐」與「蒸臭豆腐」兩款。

•「瓤豆腐」典故

「瓤豆腐」一稱「釀豆腐」，關於它的來歷，據說起源於安徽鳳陽。原來朱元璋年少時，家裡經濟困難，便在一家專製「瓤豆腐」的小鋪幫傭，有時順手牽羊，吃來特別地香。他登基為帝後，吃膩山珍海味，免不了想起昔日「美味」，於是找來當年黃姓店主留在宮內當差。每逢返鄉祭祖，即用此招待隨臣，以示不忘桑梓之情。「瓤豆腐」因而成為明宮廷御膳，人們特稱之為「朱洪武釀豆腐」。它後來在客家地區廣為流傳，並遠渡重洋在東瀛生根。台北縣淡水鎮著名的小吃「阿給」，則是「瓤豆腐」

眾多的分身之一。

•「砂鍋魚頭豆腐」作法

此菜的製法，袁枚在《隨園食單》內指出：「鰱魚豆腐，用大鰱魚煎熟，加豆腐，噴醬水，蔥、油滾之，俟湯色半白起鍋，其頭味尤美。」而今台灣的餐飲業者，在製作「砂鍋魚頭豆腐」時，競出奇招，魚不拘河海，料則紛而亂，因眾味紛陳，雖吃得過癮，終究以紫奪朱，全然不是原貌。

•「松鼠黃魚」作法

製作松鼠黃魚，需要極高技巧。取現流尺許長黃魚一、兩尾，先抽去其脊骨，再扭成麻花形，酷似松鼠模樣，然後裹上雞蛋麵糊，下油鍋炸，上桌澆汁時，須吱吱作響如松鼠叫聲，這樣才算合格。而在調製澆魚滷汁時，既要酸甜適中，又要濃淡適度，使魚完全入味。沒有真功夫，想燒得好，難哪！

西太后食福無限

在世界的飲食史上，若論起口福來，慈禧太后的享用奢華及味出多元，非但在女性中排名第一，而且不讓鬚眉，堪與乾隆爭鋒。她能臻此境界，除了先後以垂簾聽政和訓政的名義執掌最高權力長達四十七年（注：在有清一代中，僅次於康熙和乾隆）外，其命運亦奇，經歷「西狩」這一從天堂掉入地獄的機緣，故能遍嘗各式各樣的「美」味。這種特殊的飲食際遇，一直流傳市井間，為人們所津津樂道。

慈禧太后即那拉氏，因祖居葉赫，故又稱葉赫那拉氏。野史謂其「生長南中」，「雅善南方諸小曲」，以及早年喪父，貧乏不能自存，受過吳棠接濟等記載，皆屬子虛烏有。事實上，其母家隸籍滿洲鑲藍旗，在她成為皇太后後，再招入鑲黃旗。出身官宦世家，父惠徵曾出任山西歸綏道及安徽寧池太廣道；母亦大家閨秀，外祖父惠顯官至歸化城副都統，相當於二品大員，可謂家世顯赫，家境並不貧寒。

生於北京，長於北京的慈禧，於咸豐二年五月，以秀女入宮，封為蘭貴人。兩年之後，晉封懿嬪。咸豐六年時，生皇長子載淳（即同治帝），當日晉為懿妃。次年再晉封為懿貴妃。其在宮中的地位，僅次於皇后鈕祜祿氏。一向聰明伶俐、容貌出眾的她，因能誦讀經史，粗通文墨，以致時為內憂外患所困，身心疲倦，疏於朝政的咸豐帝，常令她代筆批答奏章，慈禧遂趁機預聞政事，乃至「漸思盜柄」，表現出強烈的權力慾，引起咸豐的反感。曾對皇后表示：懿貴妃「機詐」，需要小心應付。

咸豐十年八月，英法聯軍進犯北京，咸豐出逃熱河，第二年駕崩於承德避暑山莊。六歲的獨子載淳即位，先定年號為祺祥，由肅順等輔政。分別上徽號，尊鈕祜祿氏為慈安皇太后，並尊那拉氏為慈禧皇太后。日後因慈安住在紫禁城東六宮的鍾粹宮，一稱東太后；另，慈禧居住西六宮的儲秀宮，故一稱西太后。合稱則為兩宮皇太后。她們兩「姊妹」與恭親王奕訢合謀，誅殺以肅順為首的八名顧命大臣，史稱「辛酉政變」。從此兩宮垂簾聽政，並改元為同治。

慈安太后德而默，稟性懦弱，慈禧太后則長於才且專斷。因此，事無巨細皆聽慈禧一言而決，故政多出其門。等到慈安病故，慈禧獨攬大權。同治帝及繼位的光緒帝皆仰其鼻息，成為繼武則天之後，中國第二個權勢達天的強女人。

在慈禧之前，皇太后的「日用飲食原料額」（詳鄂爾泰、張廷玉編纂的《國朝宮史》），是有一定配額的。計有：「豬一口、羊一隻、雞鴨各一隻、新粳米二升、黃老米一升五合、高麗江米三升、粳米三斤、白麵五十一斤、蕎麥麵一斤、麥子粉一斤、豌豆折三合、芝麻一合五勺、白糖二斤一兩五錢、盒糖八兩、核桃仁四兩、松仁二錢、枸杞四兩、曬乾棗十兩、豬油十二斤、香油三斤十兩、雞蛋二十個、麵筋一斤八兩、豆腐二斤、粉鍋渣一斤、甜醬二斤十二兩、清醬二兩、醋五兩、鮮菜十五斤、茄子二十個、王瓜二十條、白蠟七枝（內一枝重五兩，三枝各重三兩、三枝各重一兩五錢）、黃蠟二枝（各重一兩五錢）、羊油蠟二十枝（各重一兩五錢）、羊油更蠟一枝（夏重五兩、冬重十兩）、紅籮炭（夏二十斤、冬四十斤）、黑炭（夏四十斤、冬八十斤）。」

以上所列舉的，乃雍正朝之定額。到了慈禧秉政後，內容及分量均大為提升，光是每日所用的果品，即多得嚇人。比方說，慈禧用膳時，雖無固定所在，但餐桌一定要布置得整潔美觀。當太監們正忙著上菜，此際便有幾名貼身宮女端著食盒，擺在慈禧面前的小桌上。一打開食盒，即取出精緻的果盤和白銀碟子，裡頭盛著核桃（仁）、栗子、山里紅（即山楂，可生食，亦可煮熟吃，搗爛了做成「糊楂膏」，添入白糖和紅糖水，甘中帶酸，別有一番滋味）、片棗、平果（即蘋果）等果品。慈禧的習性，一定要吃罷果品糖食，然後才進正餐。

依據《國朝宮史》的記載，皇太后日用果品，只是「核桃仁四兩，松仁二錢，曬乾棗十兩」。那麼慈禧的用度又如何呢？茲舉光緒元年二月底至三月間，長春宮茶房掌局太監張進壽傳用的果品，計「二月二十九日，片棗、山里紅各五斤，頭號乾鮮各一桌。三月初一日，平果六十個，片棗二十斤。初三日，桃仁、片棗、栗子各五斤。初五日，平果一百三十個，山里紅五斤，核桃一百個。初六日，平果六十個，桃仁、片棗、山里紅各十斤。初七日，片棗五斤。初八日，桃仁、片棗、山里紅各五斤。初十日，核桃一百個。十二日，山里紅五斤、片棗二十斤。十四日，平果六十個，山里紅十五斤，頭號乾鮮各一桌。十五日，平果六十個。十六日，片棗、山里紅各五斤。十八日，核桃一百個。十九日，平果六十個。二十日，平果八十個，桃仁十斤，紅棗、栗子各五斤，片棗二十斤，山里紅十斤。二十一日，平果六十個。二十二日，山里紅、片棗各五斤。二十五日，平果三十個，核桃一百個，片棗五斤，山里紅十斤。二十七日，平果一百五十個，片棗五斤。二十八日，頭號乾鮮各一桌」。經統計後，這個月僅長春宮傳用的果品，平果共七百五十個，片棗一百一十斤，山里紅七十五斤，桃仁三十斤，紅黑棗各五斤，栗子十斤，核桃四百個。當然啦！這些慈禧不可能一個人獨享，有的用來賞人，還有的就不知去向了。

由上可知，在所有的乾果中，慈禧獨鍾核桃（仁），核桃的營養至為豐富，對大腦神經助益極大，多食可令腦力強健，號稱「萬壽子」。慈禧的記憶力過人，應植因或奠基於此。

西太后於飲食之道，不僅精，而且嚴，重視營養，講究新鮮。專治其飲食的單位稱「西膳房」，下分五個局。一名葷菜局，專燒山珍海味，無論大魚大肉（注：因清宮不食牛，故無牛肉），各種烹法俱備，而且臻於極致；二名素菜局，專做時蔬、豆腐、麵筋及各種菌類佳肴；三名飯局，專做飯、粥、饅頭、花卷、麵及烙餅等；四名點心局，專做早晚及消夜點心，數達百餘種；五名餑食局，專製酥皮餑餑、酥盒子、薩其馬、奶油餅及各種炸食。

另，西膳房的規模極大。它設總管太監一名，五局各有主管太監，專門負責傳送飯菜點心的太監，則有好幾百名。通常每餐百餘味，比起同治、光緒這兩朝皇帝，享用之奢，多達數倍。而她為了美容養顏，不飲滿洲王公貴族常喝的羊奶或牛奶，專飲人奶，每日最少喝半茶杯，由專用乳母供應。她們皆是旗人的年輕妻子。據資料顯示，光緒七年至十年間，專用的乳母一共五人，最年輕者為二十一歲。

為了讓慈禧吃新鮮的蔬菜，太監在宮內種植時蔬，即摘即食。有時她還會逛菜園子，喜歡吃什麼，便令太監採摘。此外，慈禧行有餘力，還會種植果樹，親自料理果園，花去不少時間。有時興致來了，即使放棄午覺，她也毫不在乎。正因為她有吃有動，才頓頓消受得起美味，平添許多生活上的樂趣。

慈禧早年愛吃的佳肴，首推燒豬肉皮和清燉肥鴨。所謂燒豬肉皮，即炸響鈴。據其侍從女官德齡郡主在《御香縹緲錄》的說法：「它的煮法，是先把帶皮的豬肉切成一方一方的小塊，然後放在豬油裡面煎著，結果是煎到那肉上的皮，脆得比什麼東西都脆了，它的滋味，就著實的夠人垂涎。在北方，這味菜有個別名，叫做『響鈴』，意思是形容它脆得可以給人嚼出聲音來。所以這一樣菜愈鬆脆愈好。」她的說法似是而非，大有商榷餘地。其一為本菜乃浙江傳統名菜；其二為它是用燒肉（即烤中豬的三層肉）皮製成，絕不是用煎的，更談不上放在豬油裡煎。

據說清宣宗道光帝（即同治及光緒二帝的祖父），生性節儉，甚至慳吝。他口腹上唯一的嗜好，就是在隆冬大雪之際，點這道菜下酒暖身。某日，他在無意中翻閱膳食單，上面記載此菜一盤需紋銀一百二十兩。大驚之餘，忙傳首領太監問話。回說光炸這一盤，得先燒烤好幾隻大豬，所以才這麼貴。宣宗聽罷，咋舌不已，再也不肯點食。這事傳出宮外，一些大餐館，競以此菜標榜，竟然轟傳京師。日後，

左後一為德齡郡主，所著《御香縹緲錄》記錄了慈禧的飲食生活。

因燒肉之皮至為難得，就改用裡脊肉替代，此即現在的吃法。而今在台灣，想吃這道菜，要去湘菜館食用，光怪陸離，讓人搞不清今夕到底是何夕了。

依《御香縹緲錄》中記述：「『清燉肥鴨』便是太后非常愛吃的一樣菜。它的作法，先將鴨子去毛，去肝臟後再洗淨，然後加上一些調味品，把鴨子裝在一個瓷罐裡，再把這個瓷罐子置於一個一半清水的蒸鍋裡，緊緊地蓋上鍋蓋，不使它走氣，就這樣用文火蒸，一連蒸上三天，鴨子完全酥了，酥得可以不必用刀割，只須用筷子夾。」慈禧太后食用時，最喜歡挾鴨皮吃，因為她認為那層鴨皮，才是「清燉肥鴨」最精美可口的部分。此菜妙在鴨肉酥爛脫骨，湯汁濃而醰厚，香氣濃郁清芳。

關於鴨的功效，清代名醫王士雄在《隨息居飲食譜》記載：「鴨，甘涼。滋五臟之陰，清虛勞之熱，補血行水，養胃生津，止嗽息驚，……」慈禧能夠大啖美食而游刃有餘，與常吃鴨子鐵定脫不了干係。

又，慈禧特別愛吃鴨舌，以清燉為首選。在製作時，將二、三十條去膜鴨舌和鴨肉放在一起，以鴨高湯燉。燉熟後，鴨舌會浮在湯面上，盛於一個杏黃色的大碗中，置於她的正前方。據說她每次吃鴨舌時，一定吃到不剩。目前兩岸三地的人們喜食鴨舌，其淵源即在此。

北京每屆秋冬時分，天寒地凍，此時吃火鍋取暖，亦是人情之常，西太后自不例外，據《節次照常膳底檔》的記載，慈禧所嘗過的火鍋，計有「八寶奶豬火鍋」、「金銀鴨子火鍋」、「羊肉燉豆腐火鍋」、「爐鴨燉白菜火鍋」等。這些都是御廚事先燒好的，殊乏自力救濟的樂趣。因此，若論慈禧的最愛，自然是可以邊吃邊玩，並讓「擎器者舐唇，侍立者乾嚥」的「菊花火鍋」了。關於此一火鍋，《御香縹緲錄》的記述如下：

先把那一種喚雪球的白菊花採下一、二朵來，大概是因為雪球的花瓣短而密，又且非常潔淨，所以特別宜於煮食，每次總是隨採隨吃。採下之後，就把花瓣一起摘下來，揀出那些焦黃的或沾有污垢的幾瓣一起丟掉，再將留下的，浸在溫水裡漂洗一、二十分鐘，然後取出，再放在已溶有稀礬的溫水內漂洗。末了，便把它們撈起，安在竹籃裡瀝淨……。第二步便是煮食的開始了。太后每逢要嘗試這種特殊的食品之前，總是十分地興奮，像一個鄉下人快要赴席的情形一樣。吃的時候，先由御膳房給伊端出一具銀製的小暖鍋來……，所堪注意的是菊花和暖鍋的關係。原來那暖鍋，原先已盛著大半鍋的原汁雞湯、肉湯，上面蓋的蓋子，做得十分合縫，極不易使溫度消失，便是那股鮮香滋味，也不易沸騰出來。

其時，太后座前早由那管理膳食的大太監張德安好了一張比茶几略大幾許的小餐桌，這桌子中央有一個圓洞，恰巧可以把暖鍋安安穩穩地架在中間……。和那暖鍋一起打御膳房裡端出來的，是幾個淺淺的小碟子，裡面盛著已去掉皮骨、切得很薄的生魚片或生雞片；可能是為了太后性喜食魚的緣故，有幾次往往只備魚片，外加少許醬、醋。

那洗淨的菊花瓣，自然也一起堆在這小桌上來了。於是，張德便伸手把那暖鍋上的蓋子揭了起來，但並不放下，只擎在手裡候著。太后便親自撿起幾許魚片或肉片投入湯內。張德忙將爐蓋重複蓋上。這時候吃的人——太后自己，和看的人——我們這一班人，都很鄭重其事的悄悄地靜候著，幾十道的目光一起射在那暖鍋上，約莫候了五、六分鐘，張德才又上前去將蓋子揭起，讓太后自己或我們中的哪一人，將那些菊花瓣酌量抓一把投下去，接著仍把爐蓋蓋上，再等候五分鐘，這一味特殊的食品便煮成了。

所有在揭爐蓋、投菊花瓣的時候，太后總是不住口地指揮著；其實我們和張德都已訓練有素，伊真不必多費心了！

魚片在雞湯裡燙後的滋味，本來已是夠鮮的了，再加上菊花所透出的那股清香，便分外覺得可口；而菊花的本身，原來是沒什滋味的，但經雞湯和魚片一渲染，便也很鮮美了。太后吃得高興時，往往會空口吃下許多去。我們站在伊的旁邊，飽聞那股香味，卻很難受；偶爾得太后慈悲，叫我們把伊吃剩的分食掉，便不由歡喜得不得了，誰也不肯再想什麼謙讓之禮，恨不得獨自吞了下去。

這幾段精采的描述，把慈禧食「菊花火鍋」的吃法、情狀和滋味等，寫得神龍活現、維妙維肖，讀之而食趣盎然。

又，「燕窩八仙湯」，亦是慈禧早餐喜食的湯品之一。它是用燕窩和魚翅、鮑魚、魚肚、竹蓀、口蘑、蘆筍、葛仙米等八種上佳食材，以雞高湯烹製而成。不僅用料多樣、各具鮮味，而且色澤潔白、湯清味鮮。適口而外，亦富營養，乃一味不可多得的珍饈。

步入中年後的慈禧，其在飲食上的好尚，亦起了一定的變化，這時候，她愛吃的菜肴，有「煎鮮蝦餅」、「鯽魚豆腐羹」、「四大抓炒」、「它似蜜」及「魚藏劍」等。

煎鮮蝦餅簡稱蝦餅，飲食名著《調鼎集》及《隨園食單》均有記載，雖均出自揚州，作法卻大不同。前者云：「蝦餅，擠去肉劗（即斬）絨，配松仁、瓜丁、火腿丁、醬油、豆粉，和成餅先炸後燴。」又云：「生蝦肉、蔥、鹽、花椒、醬油、甜醬、酒腳（即酒釀）少許，加水和麵，香油炸透。」後者則云：「以蝦搥爛，團而煎之，即為『蝦餅』。」由上觀之，《調鼎集》的作法相當費工，以炸為主，較像炸蝦球。清末民初時，「玉華台」（位於北京錫拉胡同）的「水晶蝦餅」類此，其製法乃用七分白蝦肉加三分豬板油，於剁碎後，加上些許芡粉、蔥汁、薑汁，捏成圓球，略按成小圓餅狀，以溫豬油炸透即成。其特色為溫如軟玉，入口鬆而脆，須蘸椒鹽吃。而《隨園食單》的作法，純粹是煎，乃當下泰國菜月亮蝦餅的起源。我想慈禧所食的，應是後者；畢竟，她本身不愛厚膩，那油通通的炸蝦球，連吃兩三個，不膩死人才怪。

據清宮遺老的說法，老佛爺是「鯽魚豆腐羹」這道菜的原創人。有一年，她老人家去天津巡視，順道去定陵（注：咸豐帝埋骨處，位於東陵末端）祭拜。途經豐台時，當地官員敬獻名貴的白河活鯽魚給她佐膳。慈禧食之甚美，不禁連連叫好。這時她突發奇想，令御廚將那已燒好而未食的鯽食去其皮、骨，只留淨肉，加豆腐、調料製羹。由於色澤潔白、魚肉細嫩、滋味鮮美、回味醰厚，慈禧吃得盡興，還把剩下來的一半賜給身旁的「女官」們品嘗，無不讚其味美。從此它成為宮廷御膳，曾在民間一些菜館流傳，與川味「豆瓣鯉魚」加豆腐回燒，並稱雙絕。

御廚王玉山（注：後為北京「仿膳飯莊」的開山祖）之父，亦是慈禧的御用廚子。有次他仿效專諸，以魚腸劍藏炙魚腹中刺吳王僚故事，用去骨及皮的大鱖魚片，把洗淨的黃瓜切條用鹽略醃，捲在魚片中，先置於碗內，以料酒、精鹽醃妥，再蘸上用雞蛋清與玉米粉攪成的糊，下鍋炸至金黃。接著魚的頭、尾亦分別蘸糊炸透，然後將魚頭、魚捲及魚尾，整齊擺在盤上，宛若一條整魚。末了，勾以酸甜芡汁，澆在魚捲之上即成（注：其手法類似蘇幫名菜松鼠鱖魚）。而他獻此菜給慈禧品嘗時，已有人打小報告。慈禧遂明知故問，說：「專諸為刺王僚而燒此菜，你現做此菜給我吃，膽子可真不小哪！」王跪稟道：「老佛爺洪福齊天，吳王僚之輩無福享受的佳肴，老佛爺享受得，豈是吳王僚可以相比的呢？」慈禧聞言大喜，一品嘗後，對其魚肉細嫩、無刺無渣、焦香脆滑、甜酸適口的滋味，讚不絕口，乃厚賜之。此菜由是成為御膳，待滿清覆亡後，搖身變成「仿膳」的佳肴。

所謂「四大抓炒」，即「抓炒魚片」、「抓炒大蝦」、「抓炒裡脊」和「抓炒腰花」，均由王玉山創製。原來王廚有天為慈禧製作早膳時，一時心血來潮，使用魚片加調料、雞蛋清和麵粉上漿後，燒了盤炒魚片上桌。桌上佳肴頗多，怎奈它太搶眼，當慈禧看到明汁亮芡、與眾不同的炒魚片，立刻勾起食慾，夾片入口細品，但覺又嫩又鮮，便命御廚前來，詢以此菜何名？王玉山毫無頭緒，隨口回說「抓炒魚」。慈禧又道：「這個菜很好吃，以後再多做幾個。」王玉山便以此魚片為基礎，陸續推出「抓炒大蝦」（即明蝦）、「抓炒裡脊」和「抓炒腰花」等，均獲慈禧賞識，合稱「四大抓炒」。現北京「仿膳飯莊」全有供應，並列「抓炒魚片」為「四大抓炒」之首。

「它似蜜」也很有意思，話說御膳房曾獻個羊肉菜供慈禧享用，前所未見。慈禧食罷，非常滿意，乃問何菜？御廚無法回答，便請太后賜名。慈禧以其鮮香滑嫩，不覺脫口而出——「它似蜜」，從此正式定名。等到民國成立，此菜遂自宮中傳出，成為清真名菜。又，其形似杏脯、色呈醬紅、質地鮮嫩、回味略酥、甘甜如蜜，深獲食家好評。台灣早年像「天廚」等餐館尚有供應，起初還很地道，頗受饕客歡迎。唯已向下沉淪，其甜賽過蜂蜜，讓人一吃就膩。

其實，此菜與太后遇合之說，恐難成立。因其名原為波斯文的「塔斯蜜」，意即味道香甜。約在元朝時，便由到中國經商的中亞和西亞人傳入，只是未在中土流行。姑不論其真相，目前北方的作法，其調料有黃酒和甜麵醬等，起鍋後再淋上麻油，諸如此類，皆為西域所無，應是改良式的新吃法。

天家的珍味固然獨步當世，但絕佳的官府菜亦足以與之比肩。而在所有的官府菜中，又以「天下第一家」衍聖公孔府的菜，最具代表性。乾隆在位時，兩者結為親家，因此皇上曾親赴孔府，嘗到無上美味。慈禧的口福實在好得出奇，當她六十大壽，清宮隆重慶祝，大宴舉辦多日。其中最為人所矚目者，乃第七十六代衍聖公孔令貽攜妻隨母上京賀壽，由其母彭氏和妻陶氏，向老佛爺各進貢一席早膳。據《孔府檔案》記載，彭氏所進早膳內容如下——

十月初四日，老太太進聖母皇太后早膳一席。海碗菜二品：「八仙鴨子」一品，「鍋燒鯉魚」一品。中碗菜四品：「清蒸白木耳」一品，「葫蘆大吉翅子」一品，「壽字鴨羹」一品，「黃燜魚骨」一品。大碗菜四品：「燕窩萬字金銀鴨塊」一品，「燕窩壽字紅白鴨絲」一品，「燕窩無字三鮮鴨絲」一品，「燕窩疆字口蘑肥雞」一品。懷碗菜四品：魚片一品，「燴鴨腰」一品，「燴蝦仁」一品，「雞絲翅子」一品。碟菜六品：「桂花翅子」一品，「炒蕉白」一品，「芽韭炒肉」一品，「烹鮮蝦」一品，「蜜汁火腿」一品，「炒王瓜醬」一品。片盤二品：「掛爐豬」一品，「掛爐鴨」一品。素食二桌；蒸食四盤，爐食四盤，一桌；豬肉四盤，羊肉四盤，一桌。餑餑四品：壽字油糕一品，壽字木樨糕一品，百壽桃一品，如意捲一品。「燕窩八仙湯」，「雞絲滷麵」。

又，陶氏所進貢的另一桌，內容完全相同。兩桌早膳用銀高達二百四十兩，按當時市價，可買糧四萬三千斤；其豪奢可見一斑。此外，彭氏、陶氏再向慈禧貢獻「果子四盒、點心四盒」，梅花十六盆作為「壽禮」之用。同時，她們還雇戲班專門唱戲三日，向慈禧賀壽。慈禧高興之餘，親自召見，優禮賜宴，賞給衣服字畫，「儼如家人」。

彭氏與陶氏所進貢的頂級珍味，老佛爺如何消受，頗耐人尋味。不過，裡頭的「燕窩八仙湯」，乃慈禧所嗜食者，「掛爐豬」和「掛爐鴨」，則為燒烤席的最上品，亦常在慈禧的食單內。比較特別者，分別是「黃燜魚骨」及「桂花翅子」。

所謂魚骨，又名「明骨」，它是用沙魚頭、頸部位的軟骨，經乾製而成，乃海味中的上品。一般是添加雞湯、豬肉、火腿，以白汁燴製。而用黃燜燒之，其主要目的，在經過濃烈的賦味下，更凸顯魚骨脆嫩的特點。另，「桂花翅子」即「木樨魚翅」，桂花、木樨也者，都是蛋的別名。其法為撕魚翅為細絲，裹以雞蛋拌勻，入油鍋爆炒，炒得鬆鬆泡泡，放在盤內堆成高高的尖塔狀，色、香、味、形、觸俱佳，為海味中的珍饌。台灣早年亦擅製此味，以魚翅貴重，多摻雜綠豆芽、紅蘿蔔絲、香根或細切之高麗菜，口感雖富，營養亦豐，只是「古」味蕩然無存，已無大口嚼翅的快感了。

此外，西太后的年紀越大，牙口也越不濟，此時能令她老人家青睞的佳肴，都是口感較軟滑腴爛的菜色，且晚年信佛的她，亦開始茹素，常吃「羅漢菜」、「腰丁腐皮」與「清蒸什錦豆腐」等。

「櫻桃肉」是慈禧晚年的最愛之一。此菜乃乾隆朝御廚張東官（一作陳東官）的拿手絕活。起初的「櫻桃肉」與「荔枝肉」一樣，都是因形似而得名。至於慈禧所食的「櫻桃肉」，在製作上，先把上好的豬肋條肉切成棋子般大的小塊，加上調料，與清水及新鮮的櫻桃（注：蜜漬者亦可），同盛入白瓷罐內，封嚴後，再以文火慢慢燉煨，約十小時而肉盡酥，以肉酥爛不膩、甜中帶鹹著稱。又，把西瓜去蓋，挖去瓜瓤，再將雞丁、火腿、新鮮蓮子、龍眼、胡桃、杏仁、松子等填入，加蓋封實，然後隔水用文火燉一個時辰以上的「西瓜盅」，亦是她與光緒帝都愛吃的妙品。

「炒豆腐腦」原是市井小民的家常菜，經御廚改進後，色白絕嫩，羹稠鮮香，入口即化，頗為太后所喜，此菜因而聲譽日隆，流行於官府間，現已成北京名菜。

「羅漢菜」一名「羅漢齋」，據傳始自唐代。當時禮佛的風氣極盛，大小寺廟林立，且均設有膳房，自行料理飲食，亦供應素饌及素席，俗稱「素齋」或「齋菜」。這道素菜，一般用料在十種以上，如多達十八種，即稱「羅漢全齋」。到了清朝，不僅民間盛行此菜，宮中亦常製作。據說慈禧在臨終前數日，還特地要御膳房供應此菜，好讓她飽啖一番。

大家都知道鰣魚之美在鱗與皮間的那一層鮮油，因此，蒸鰣魚絕不去鱗，以免肉澀而柴。但其鱗甚小，要一一吐去，實在很麻煩。慈禧愛吃鰣魚，為了讓老佛爺吃得盡興，來自蘇州「松鶴樓餐館」的御廚阿坤，便挖空心思，想出好辦法。他先把魚鱗刮下，置於一只紗袋中，再於蒸籠頂上加個鉤，並掛上紗袋，對準了魚，封嚴蒸籠，用文火蒸。在烹製的過程中，魚油滴入魚身，不但保住鰣魚鮮味，而且不見鱗片。慈禧食之而甘，下令給予厚賜，從此常食此魚，真是口福絕佳。

除上述的御廚外，張永祥及謝二，亦是西膳房名廚。

張永祥所擅製的菜肴，乃精雕細鑿的「釀豆芽」（指黃豆芽，一名豆莛）、「釀扁豆」等。此菜在製作前，先把黃豆芽掐去頭尾，以銅絲貫穿中心，然後塞入豬、雞肉餡。為求美觀，通常是蒸，或紅或白，美不勝收。扁豆的釀法亦然，只是釀入者為魚肉，其妙在軟滑芳鮮兼備。此原是山東的孔府菜，乾嘉之際，曾在官府中造成一股風潮。

謝二為總管太監之弟，擅做點心，尤其是燒賣，以皮薄如紙，肉餡鮮美而上邀太后眷顧。某日，慈禧赴東陵祭祖，謝二並未隨行。慈禧想吃燒賣，結果滋味遠不如謝二所製作的。太后大怒，下令將做燒賣的御廚痛打四十大板，並傳諭謝二火速趕來，其中差別，不啻天壤。

宮中即使美味萬千，亦不足以饜慈禧的無盡口福。像「月盛齋」的「醬羊肉」、「豌豆黃」、「芸豆捲」等，均是慈禧喜食的點心，前者來自店家精製，後二者則是小販叫賣。

該店取名「月盛齋」，有謂即「日月興盛」之意，亦有謂其「醬羊肉」味美質佳，「經月而味不變」。相傳嘉慶年間，店主得太醫之助，對其燒羊肉配方作出重大改進，從而成品肥肉不膩、瘦肉不柴、不腥不膻、香氣純正，由是聲譽鵲起，遠近馳名。《都門紀略》即云：「羊肉肥嫩數京中，醬用清湯色煮紅；日午燒來焦且爛，喜無羶味膩喉嚨。」慈禧久聞其大名，經品嘗後，驚為美味。為了經常享用，特發給店家四道「腰牌」（出入宮門的通行證），清宮女官容齡，在她手書《清宮瑣記》便談到：「冬天大內裡面非常冷……在（太和殿）東廊房子裡擺著三個大煤球爐子。在慈禧來到之前，太監們為我們預備些燒餅醬肉。我們大家放在爐台上烤著吃。」看來老佛爺尚未受用前，眾女官們已先嘗鼎一臠，好好享用「月盛齋」的「醬羊肉」了。

基本上，「豌豆黃」及「芸豆捲」均是北地名點，清時已盛行於京師。前者更是燕京著名小吃，詩人曾有「從來食物屬燕京，豌豆黃兒久著名，紅棗都嵌金居里，十文一塊買黃瓊」之句，慈禧有次遊園在「靜心齋」小憩，聽到外頭有老漢叫賣「豌豆黃」、「芸豆捲」，覺得新奇，便喚入宮內，食之頗可口。從此之後，該老漢便在宮內製作此二款點心，其特色皆為美觀細膩，甜香爽口，現北京的「仿膳飯莊」仍有供應唯滋味已不如前，據說早年台北麗水街的「京兆尹」，精緻更勝一籌。

一九〇〇年，超勇的慈禧太后下詔向各國宣戰，引來八國聯軍，只好倉皇「西狩」，史稱「庚子之變」。語云：「落難鳳凰不如雞。」慈禧攜帝后及群臣逃亡的這段日子，可謂歷盡艱辛，起初尚能吃到小米粥、油炒醃白菜，到了延慶州懷來縣時，只吃到綠豆小米粥、白水煮雞蛋，實在狼狽不堪。及至山西，人心略定，還嘗到臨晉縣城謝家「三倒手」硬麵饃，因其層次分明，圓潤飽滿，入口醇香，味美香甜，慈禧一時興起，從此列入貢品。

御輦止於西安。慈禧遠離烽火，開始縱慾享樂。此時的西安行宮，縱比不上皇宮恢宏，但西膳房的規模反增，下設葷局、素局、飯局、粥局、茶局、酪局、點心局等，每局設管事太監一人，廚師數人至十數人不等。即使日日供餐，她還會去「外食」。一日，經過廣濟街口。當年此有陡坡，太后車輦至此，恰巧「老童家」烹肉，肉香溢出，勾起饞蟲。慈禧便令停車，品此民間美味。食罷讚不絕口，傳諭列為貢品，日日進奉。新任軍機大臣鹿標霖與總管太監李蓮英為討好慈禧，乃稱此地為「輦止坡」，慈禧大樂，乃賜「老童家」金匾一個（匾題「輦止坡老童家」）。此店所烹之肉色澤紅潤，膘肉分明，肉質酥爛，香而不膩，食無肉渣的臘羊肉，於是名聞遐邇。只是那塊金字招牌，在文革期間被砸了。

慈禧另在西安嘗過「水盆羊肉」。此羊肉乃當地六月上市的小吃，故名「六月鮮」。慈禧嘗罷羊肉，覺得味美超群，即賜名「美而美」，傳為食林佳話。

日子好過以後，窮奢極侈的她，不恤民力如故。辛丑年的夏天，慈禧突發逸興，想吃冰鎮梅湯。然而關中溫熱，向無存冰可用。御膳房無計下，就教地方人氏。始知距長安城西南百餘里的太白山（注：西安八景之一），「太白積雪六月天」，山中有一巖洞，深邃陰涼之至，內有不化之冰。遂令地方官每日抵此運冰，專供西膳房使用。

辛丑議和之後，慈禧隆重返京。由於年事已高，加上體力漸衰，口福大受限制，不再如饕似餮。此一時期，關於飲食之事，可供記述者，只剩下窩窩頭及肉末燒餅。

原來慈禧「最是倉皇辭宮日」，輾轉來到西貫市（今昌平縣陽坊），於飢累不堪之際，有個李姓人氏（注：一說名為貫世里），給了她一個窩窩頭，她吃得又香又甜。待回北京城後，某日牽腸掛肚，便令西膳房為她製作窩窩頭。御廚豈敢違拗，遂急中生智，將此物體積縮小，改以精麵（注：非訛傳的栗子麵，仍用玉米麵加黃豆麵）為之，細膩香甜味美，慈禧甚為滿意，居然變成她在齋戒期間的甜食。一九五六年，中華人民共和國國慶日當天的招待會上，「仿膳」供應四千個這種形如小酒杯的窩窩頭，層層壘起，亮麗壯觀。外賓們品嘗後，無不交口稱讚，立時名揚海外，至今稱誦不絕。

總之，臨朝聽政垂半世紀之久的西太后，一生享盡榮華富貴，侈糜無度，古今罕匹。其間雖逢亂局，只是癬疥之疾。正因有此一小恙，才得以肆其口腹之慾。綜觀其在飲食上的無邊口福，套句唐人陳子昂的詩句，乃「前不見古人，後不見來者，念天地之悠悠，獨『欣』然而『涎』下」……

•「菊花火鍋」作法

事實上，在清末時，隨著官員出巡各地，菊花火鍋自然由大內「飛入尋常百姓家」，廣泛地在山東、江蘇、安徽、廣東等地盛行。其用料及製法更為考究，先用雞高湯作底，再添入口蘑、冬筍、開洋等吊湯，生肉片增為「八生」或「十二生」（生肉片一盆算一生，計有青魚肉、河蝦、雞脯肉、鴨脯肉、肚尖、豬腰、豬裡脊肉、豬肝、墨魚等），料甚多而味紛，理應更勝本尊。然而，踵事增華，失去其清香旨趣，不如太后多矣。

•「羅漢全齋」作法

薛寶辰所著的《素食說略》中，便提到其用料及作法。文云：「羅漢菜，菜蔬瓜蓏之類，與豆腐、豆腐皮、麵筋、粉條等，俱以香油炸過，加湯一鍋同燜，甚有山家風味，『太乙』諸寺，恆用此法。」不過，宮中的用料與此不同，愛新覺羅•浩（清遜帝溥儀弟媳婦）在《食在宮廷》一書指出：北京的「廣濟寺」，以齋食聞名全國，宮中的「羅漢齋」，即仿此製成，其食材為白菜、豆腐、口蘑、山藥、木耳、腐皮、鮮薑、金針及紅蘿蔔等，調味料則是香油、鹽、醬油。其法為小火煨透，滷汁濃而緊，使食物入味。

•「肉末燒餅」典故與作法

慈禧年事既高，某夜黃粱一夢，夢的不是功名富貴，卻是正在享用燒餅。第二天早膳，裡頭居然有肉末燒餅，慈禧十分高興，認為自己「圓了夢」，進得特別香。食畢，便將製作此味的御廚趙永壽召來，賜給他一隻尾翎和二十兩紋銀。肉末燒餅由是知名，亦是「仿膳飯莊」有供應的御點之一，只是名兒改了，稱之為一品燒餅。

肉末燒餅的主成分為馬蹄燒餅及炒肉末。前者在製作時，先添白糖和麵，接著做劑、摶餅、研邊、黏芝麻，再逐個貼在大鐵鏊上，架在炭火上烘烤，以熟後形如馬蹄，故名。後者所選者為三成肥七成瘦的豬後腿肉，先切成末，炒鍋注入油後，加入肉末、蔥絲、薑茸、酒和醬油，炒透熗乾即成。臨吃之際，將燒餅切開一個深長小口，添入肉末，便可大快朵頤。

輯二

廚藝

四大食神之傳奇

三百六十行除了「行行出狀元」外，也各有各的祖師爺。如就餐飲業而言，其祖師爺依時代的先後，計有彭祖、伊尹、易牙及詹王四位，合稱「四大廚神」。其中廣為世人所熟知的，首推伊尹，次為易牙。

伊尹是商代開國君湯的阿衡（即宰相）。其名為伊，尹是官名，一說名摯。據《呂氏春秋》的說法，他本是個棄嬰，因有侁氏（即有莘氏）女子在採桑時發現，乃獻給她的國君，國君交給㸑人（即庖廚）撫養，至於成人。湯求才若渴，聞伊尹賢能，請有莘氏讓賢，但有莘氏不肯。此時，伊尹亦有意願追隨商湯。湯於是想個兩全其美的法子，請娶其女為妻，有莘氏大喜，派伊尹為陪嫁的媵臣，這是他們君臣遇合之始。不過，《史記》上的記載略有出入，雖亦主前說，但書中亦指出：「伊尹處士，湯使人聘迎之，五反（即返），言素王及九主之事，湯舉，任以國政。」並「立為三公」。

姑不論真相到底如何，伊尹「負鼎俎，以滋味說湯，致於王道」的情節，卻精采絕倫。話說湯得伊尹後，便在太廟齋戒沐浴，點燃火炬祭祀，並以牲血抹身，以示崇隆尊重。明日設朝相見，伊尹乃「說湯以至味」。湯聞其言後說：「這些美味可以獲致嗎？」伊尹回道：「君之國小，不足以具之，為天子然後可具。」接著他開始長篇大論，表示三群之蟲（即水居的魚、攫肉而食的鷹隼猛獸及草食的牛羊麋鹿），水居者味腥，肉攫者味臊，草食者味羶，即使有些臭惡，只要用對法子，都可變成美味。大凡味道之本，水為先決條件。五味三材（注：五味為鹹苦酸辛甘，三材是水木火），九沸九變，全靠火來調節，有時得用武火，有時須用文火，掌握其中訣竅，才能滅腥、去臊、除羶。若想要調和其味，必須用甘酸苦辛鹹這五味，量的先後多寡，其中雖然細微，但有一定準則。另，它們在鼎中的變化，可精妙到顛毫，就算心裡有數，言語無法說明，心思不能曉喻，其精微之處，就好像射箭、駕車一般，也如同陰陽的變化與四時的運行。所以，其滋味才久而不壞，熟而不爛，甘而不濃，酸而不過，鹹而不減，辛而不烈，淡而不薄，肥而不膩。

至於肉之美者，有猩猩的嘴唇（一說是犴鼻）；獾獾（一作灌灌，一種鸛鳥）的腳爪；雋觾（即大野燕）的屁股；述蕩（《大荒南經》記載的巨獸踸踼）的足掌；旄（野牛）象的短尾（注：一說為鼻或腰子）；以及流沙之西、丹穴之南沃民所食的鳳鳥之卵。

魚之美者，為洞庭湖的鯽魚；東海的鯆魚（即赤鱬，其狀如魚而人面，其音如鴛鴦，食之不疾）；醴水的朱鱉（特色為六足有珠百碧）；觀水的鰩魚（注：其狀若鯉而有翼，常從西海夜飛游於東海）。菜之美者，為崑崙之蘋草（注：其狀如葵，其味如蔥）；壽木的果實；指姑東方的中容國有赤木、玄木之葉，餘瞀之南的山崖，有名嘉樹、其色若碧的佳蔬；陽華的芸草，雲夢的芹菜；具區的水草（一說為太湖的蓴菜）和名為土英的浸淵之草（即苔蘚類食材）。和（指香料及調味料）之美者，有陽樸的薑；招搖山的桂；越駱的菌（即蕈類、菇類）；鱣、鮪這兩種魚的肉醬；大夏的鹽；宰揭其色如玉的露；長澤的卵（注：可製醬）。飯之美者，有玄山的稻，不周山的粟；陽山的穄及南海的黑黍米。水之美者，不外三危山的露水；崑崙山的井水，沮江旁的搖水；白山的水和高泉山上的湧泉。果之美者，則有產於冀州之原沙棠木的果實；常山之北、投淵之上的百果，是群帝所喜食的；箕山以東、青鳥山上有甘梨；江浦的橘子，雲夢的柚子，漢水畔的石耳。主君想要羅致以上所說的美味，一定要用青龍、遺風這樣的良駒。然而，不先成為天子，不可得而俱備，即使貴為天子，亦難勉強求得，必先明道濟世。此道不在他人，而在自己手中，只有自己有成，而後可成天子，既然已是天子，至味當可俱備。

這番話打動了商湯，於是任命伊尹做宰相。伊尹主政，國家大治，經革命後，代夏而有天下。商湯去世，伊尹續秉國政，歷佐卜丙（即外丙）、仲壬二王。仲壬之後，太甲即位，「不明，暴虐，不遵湯法，於是伊尹放之於桐宮」。流放的三年間，伊尹攝行政權，主持國事，諸侯來朝，百姓歸心。等到太甲「悔過自責，返善」，伊尹將他迎回並還政給他。太甲乃「修德，諸侯咸歸殷，百姓以寧」，造就太平盛世。太甲崩後，子沃丁繼位，伊尹死於任上。他總共輔佐五個天子，「治大國若烹小鮮」，不愧為一代名相兼名廚。

我們現由伊尹所說的烹調理論，以及他對食材的瞭若指掌觀之，實已掌握美味的關鍵所在，學養豐厚，並世無雙。可見想要成為名廚，不僅要有精湛技藝，同時要有選材眼光。清代大美食家袁枚曾說：「大抵一席佳肴，司廚之功居其六，買辦之功居其四。」伊尹得兼二者之長，前北京大學教授王利器逕稱他為「烹調之聖」，實非過譽之詞。

另，伊尹親炙的美味，見諸史料者有鵠鳥（即天鵝）之羹，商湯嘗罷大悅，對他和羹調鼎的工夫非常推崇，經進一步深談後，才知這位烹飪高手，尚有安邦定國之才，遂委以宰相之職。在《楚辭・天問中》，有「緣鵠飾玉，后帝是饗」（王逸注：「言伊尹始任，因緣烹鵠鳥之羹，修玉鼎以事於湯，湯賢之，遂以為相也。」）之句，即指此事。今「割烹要湯」、「調和鼎鼐」、「伊尹事湯」等成語，皆典出於此。此外，天鵝不浴而白，一舉可致千里，食之益人氣力，可利五臟六腑，現在嶺南之地（包括香港、澳門、新加坡），仍以牠為珍饈，足見影響深遠。

伊尹的著作，除赫赫有名的「伊訓」外，據晉人皇甫謐《甲乙經・序》等文獻記載，

左為易牙，右為伊尹。

伊尹對本草的藥性及食品衛生亦有相當研究，曾著《湯液經》傳世。

與伊尹在食界等量齊觀的信史人物，當為易牙。其事蹟載於《左傳》、《史記・齊太公世家》、《管子》、《淮南子》、《列子》、《戰國策》、《論衡》等古籍中。他老兄燒菜、辨味的工夫，的確高人一等，故孟子謂：「至於味，天下期於易牙。」是以台灣地區餐飲烹飪界，至今仍多以易牙為行業祖師，年年舉行祭拜，四時香火不絕。

易牙，雍人，名巫，又名雍巫，狄牙。他不只精於烹調，而且長於辨味。在調味方面，「酸則沃之以水，淡則加之以鹹」（見王充《論衡・譴告篇》）；辨味本領更是高強，「淄、澠之合，……嘗而知之」（見《列子》）。淄水、澠水皆是齊國境內的河流，將這兩條河的水放在一起，他居然能辨出何者為淄水？何者為澠水，百不失一。原本為寺人（即太監）的他，有寵於齊桓公的夫人長衛姬（即衛共姬），後因寺人貂的引荐，才有機會獻珍饈給齊桓公品嘗。齊桓公是個好吃鬼，便說：「子善調味乎？吾盡嘗天下之味矣，唯蒸嬰兒之味未嘗。」善於逢迎的易牙，於是「蒸其首子而獻之公」，從此之後，亦有寵於齊桓公。

這位九合諸侯、一匡天下的五霸之首，應有吃消夜的習慣，只要夜半不嗛（即肚子餓），易牙就使出渾身解數，「煎熬燔炙，和調五味而進之」，齊桓公食之而飽，才心滿意足地睡上一覺，「至日不覺」。易牙自從抓得住齊桓公的胃後，晚年昏庸無道的齊桓公，居然異想天開，想讓易牙出掌政權，成為繼伊尹而後的庖廚宰相。乃趁著管仲臥病將死之際，問他說：「群臣當中，誰可為相？」管仲回道：「知臣莫如君。」齊桓公便提出心中第一號人選，說：「易牙如何？」管仲不以為然，說：「殺子以適君，非人情，不可。」齊桓公接著舉出開方及豎刁，管仲都表示反對。等到管仲一死，齊桓公不用其言，親近他們三人。過了沒好久，易牙等三人遂得以專權，齊國開始動盪不安。

兩年後，齊桓公亦卒，原先已樹黨爭立的五公子（注：齊桓公亦好女色，多內寵，如夫人者六人：長衛姬生無詭，少衛姬生元，鄭姬生昭，葛嬴生潘，密姬生商人，華子生雍。齊桓公與管仲兩人，都屬意於鄭姬之子姜昭，已立為太子），利用這個機會，開始互相攻擊。原即受寵於長衛姬的易牙，乃先下手為強，與豎刁殺群臣，立公子無詭為國君，太子昭投奔宋襄公。宋襄公便率諸侯兵送太子昭而伐齊。齊人恐慌，乃殺其君無詭，立太子昭為國君，此即齊孝公。

失去政治舞台的易牙，據說跑去彭城（今江蘇徐州），師承彭祖廚藝，終成一代大廚。故有詩云：「雍巫善味祖彭鏗，三訪求師古彭城。九會諸侯任司庖，八盤五簋宴王公。」不過，易牙的為人，固然令人不齒，但高超的手藝，卻普獲後世的認同。早在北宋時，雜曲《太平歌詞》中的「十女誇夫」，便將易牙列為廚行祖師。另，元末明初韓奕所撰的食經，更名之為《易牙遺意》，其推重可知。

韓奕字公望，號蒙齋，平江（蘇州）人。宋韓琦後裔，傳承父業，潛心醫學。入明之後，隱不仕，以布衣終。他與同時的王賓、王履並稱，號「吳中三高士」，優游山水，博學工詩，著有《韓山人集》。精研前代飲食文獻，托名易牙所著的《易牙遺意》二卷，誠為一部全面記載飲食烹飪的著作。明人周履靖為該書作序，云：「獨韓氏方為豪家所珍，予效其書治之，醲不鞔（張皮使四周與框附著）胃，淡不槁（枯）舌，出以食客，往往稱善。」所言不免言過其實，現觀所列食品，口味濃淡適宜，精細而且全面，多為家常菜點，製作簡便易行。故後世的食書經常轉引，像高濂《遵生八箋‧飲饌服食箋》、田汝成《西湖遊覽志餘》等均是。

本書分十二類，上卷為釀造類、脯鮓類、蔬菜類；下卷為籠造類、爐造類、糕餅類、湯餅類、齋食類、果實類、諸湯類、諸茶類、食藥類。總共記載了一百五十餘種調料、飲料、糕餅、麵點、菜肴、蜜餞、食藥的製法。其中的佳肴有「帶凍薑醋魚」、「爐焙雞」、「釀肚子」、「盞蒸鵝」、「杏花鵝」、「大爊肉」、「火肉」等，麵點則以「五香糕」、「鬆糕」、「卷煎餅」、「風消餅」、「燒餅麵棗」及「藏粢」等，皆因精巧而為世所稱。

彭祖原名籛鏗，乃帝顓頊的玄孫，因其「好和滋味」，受帝堯的賞識，受封於大彭（今江蘇徐州），故又稱彭鏗。他一生「述而不作，信而好古」，與道家的始祖老子齊名。據晉人葛洪神仙傳的說法，他「善養性，能調鼎，進雉羹于堯」，其出處應是《楚辭・天問》所記載的：「彭鏗斟雉帝何饗，受壽永多夫何久長。」

彭鏗因在商代為守藏史，在周代時擔任柱下史，活到八百歲，由於高壽，故稱之為「祖」。《神仙傳》形容他「殷末已七百六十七歲，而不衰老。少好恬靜，不恤世務，不營名譽，不飾車服，唯以養生活身為事。王聞之，以為大夫，常稱疾閒居，不與政事，善於補導之術，服水桂、雲母粉、麋角散……喪妻四十九，失五十四子……。」此外，他也經常獨自雲遊，不乘車馬，並有「或數百日，或數十日，不持資糧」的能耐，且深得養性之方，是以「年二百七十歲，視之如五、六十歲」。所記實荒誕不經，充滿著神話色彩。不過，後世養生長壽之書多托名彭祖所撰，其較著者，有《彭祖養性經》、《彭祖攝生養性論》及《彭祖養性備急方》等。

而今的彭城菜，乃匯合蘇、魯、豫、皖邊區的風味而成，早已自成一格。當地人對自家菜色頗有自信，曾撰聯云：「集四海瓊漿，高祖（指劉邦）金樽於故土；會九州肴饌，籛鏗膳祕於彭城。」顯示傳承彭祖，滋味絕對不凡。

康有為曾賦詩一首，云：「元明庖膳無宋法，今人學古有清風。彭城李翟祖籛鏗，異軍突起吐彩虹。」詩中的「李翟」，指的是清康熙年間的李自蓉，和民國初年的翟世清，全是徐州的一代名廚。據此可以斷言，徐州方圓千里內，必奉彭祖為祖師。台灣目前有些業者，亦奉彭祖為廚神。據說每年六月十二日的彭祖忌日，這天必出現暴風雨，以慟超級人瑞彭祖的仙逝。

比起前三位廚神來，詹王的事蹟不顯，亦未見諸史冊。

話說隋文帝曾問一位姓詹的御廚，什麼東西最好吃？他回答是鹽。隋文帝不悅，以戲君之罪，將他給殺了。從此之後，御廚們不敢在菜中放鹽，以免惹禍上身。隋文帝食而無味，終悟其中的奧妙，遂封該御廚為「詹王」。另一說謂詹王本名詹鼠，並非什麼御廚，只是個流浪漢。隋文帝因御廚們燒製的菜肴不對胃口，乃張榜招賢。詹鼠揭榜入宮。隋文帝便問他：「何物滋味最佳？」他答以「餓」最好吃。於是帶著皇帝出城，走遍大街小巷找「餓」。等到皇帝餓壞了，詹鼠就拿出預備的蔥油餅給他充飢。皇帝終於明白，人肚子一餓，吃什麼都香，為了誌此奇緣，便封他為「詹王」。其實，這番話是有道理的，宋人周輝在《清波雜志》中即說：「食無精糲，飢皆適口。故善處貧者，有晚餐當肉之語。」又有一說認為詹王的由來，乃唐玄宗封湖北應山的一個詹姓廚師為王，世稱詹王。然而以上三者，皆不可考。

現民間祭祀「詹王」之俗，自立秋當天起，連續四十八日。所有飯館、酒館信奉的廚師，無一例外。另，據《采風錄》的記載，每年農曆八月十三日，尚有「詹王會」，供奉這位「廚師菩薩」，販售各種食物。而這一天，往往又是廚師收徒和出徒謝師的日子，熱鬧異常。

準此以觀，詹王因緣際會，莫名其妙地當了廚神，其在飲食界的地位和影響力，是無法和前三者相提並論的。

總地來說，彭祖和詹王二人，出自道聽塗說，不可信以為真。易牙黯然退出政壇，卻在食林大放異彩，換得千秋萬世名，可謂「失之東隅，收之桑榆」。由廚入仕的伊尹，理論與實務兼具，先良廚興邦，再良相輔國，從烹調而及於治國，是個不世出的英雄，譽為食中之聖，豈只無愧而已！

詹王被後世奉為廚神。

•「羊方藏魚」典故

雉羹燒得一級棒的彭祖，其另一名菜「羊方藏魚」，靈感卻來自其子夕丁。相傳夕丁有天捕獲一條魚，央請其母烹製，其母正煮羊肉，便將羊方剖開，將魚藏在肉中，等到菜燒熟後，母子二人共食，吃得津津有味。彭祖恰巧返家，聞羊肉有異香，問明其中緣由，馬上如法炮製，果然鮮香非凡，此菜經歷代傳承改進，現成為徐州傳統名饌。已和徽菜中的「魚咬羊」及京菜中的「潘魚」齊名，號稱魚羊合烹的三大美味。

絕妙廚師領風騷

朱昆田在《養小錄》的跋寫道：「自古有君必有臣，猶之有飲食之人，必有庖人也。」此庖人即今之廚師，司此業的，幾乎都是男性，有職業的，亦有業餘的。他們優游於食林之中，或逞新意，或出奇招，或有專精。總之，都發揮得淋漓盡致，為中國的飲食文化史留下璀璨的一章。

首開其端的是彭祖、伊尹、易牙。這三人的事跡，已在〈四大廚神之傳奇〉一文裡提過，故在此略而不談。

春秋時，吳國出了一名炙魚高手太和公。據《吳越春秋》的記載，吳國的國君王僚愛吃炙魚，其弟公子光不滿其所為，商請伍子胥覓殺手行刺。伍子胥便找來勇士專諸，並安排他到太湖邊向太和公學藝，經苦練三個月後，完全掌握其訣竅，為了方便第一時間下手，更鑄一柄短劍，可藏於魚腹中，此即「魚腸劍」。待一切搞定後，公子光邀王僚品嘗炙魚，王僚欣然赴宴，專諸烤畢獻魚，王僚聞得魚香，正欲大啖之際，忽見白光一閃，專諸掣劍在手，給予致命一擊。公子光於是乘亂登基，史稱吳王闔閭。

由此可見，太和公調教出的高徒專諸，基本上是個業餘廚師，但他「彗星襲月」的那一擊，足以驚天地而泣鬼神，昭耀史冊，為庖人爭光露臉，揚眉吐氣。

毛修之也是個業餘廚師。據《宋書》載：東晉攻破後秦，大將劉義真率手下的司馬毛修之鎮守長安。未幾，大夏的赫連屈丐在青泥城大敗劉義真，毛修之被虜，等到北魏的跖拔珪嚴擊潰赫連昌，毛修之再度被俘。不過，毛修之精嫻割烹之道，特以羊羹進北魏宮廷的尚書，「尚書以為絕味，獻於武帝跖拔燾。燾大喜，以修之為太官令（注：掌管皇帝飲食，即周朝之膳大）」。毛修之後來累遷為尚書、光祿大夫、封南郡公，連升了好幾級。此固與他領兵平定西涼有關，但他善烹羊羹始得以接近皇帝，才是關鍵所在。

此一時期另有兩位庖人，以其絕佳手藝而得意仕途，一為孫謙，另一為侯剛。據《梁書・循吏傳》所記，孫謙善烹調，常為朝中要員烹製美味，眾口交譽。後來因緣際會，出任太官令一職。由於他主理御膳得宜，不怕辛勞，深受賞識，「遂得為列卿、御史中丞、兩郡太守」。北魏人侯剛亦循此途徑得意官場。依《北史・恩倖傳》的說法，侯剛出身貧寒，年輕時「以善於鼎俎，得進膳出入，積官至嘗食典御」，後竟封武陽縣侯，進爵為公。顯然他們二人原皆是專業廚師中的佼佼者，以一手包辦御膳而得晉身之階。

到了唐代，以家法嚴厲著稱的穆寧，竟培養了一個大廚師，千載以下，此舉仍令人們稱誦不已。

話說剛直不阿的穆寧，生了四個有出息的兒子，長子穆贊，官至御史中丞；次子穆質，官至給事中；三子穆員，四子穆賞，「並有才德」，時人「以珍味目之」，稱穆贊為「酪」，穆質為「酥」，穆員為「醍醐」，穆賞為「乳腐」。

當穆寧出任和州刺史，四子隨侍父所，奉命輪流當班，料理老爸膳食，特名之為「值饌」。

值饌真是個苦差事，所端出來飯菜，只要不合穆寧之意，就免不了挨打。儘管四兄弟費盡心思去買好食材，而且用心烹調，仍難逃其毒手。因此，輪到值饌的人，無不心驚膽戰，生怕一個不小心，就棍棒伺候，被狠揍一頓。

有一天，輪到「質美而多入」的穆質值饌，他望見廚房內正巧有一塊雪白的熊脊肉，還有一束殷紅的鹿肉乾，突然靈機一動，覺得二者合烹，滋味應該不凡，於是進行料理。成品肥瘦適度，顏色紅白相間，不僅分外好看，而且誘人饞涎。為了慎重起見，先請弟兄試味，大家都說好吃，便命名「熊白啖」，端去給老爸嘗。穆寧嘗了一塊，不禁喜上眉梢，筷子沒有停過，吃得丁點不剩。

穆家兄弟看老爸吃得滿意，心想老二今天非但可免挨棒子，恐怕還有獎賞。沒想到穆寧吃罷，便對左右的親隨說：「去看今日是誰值饌？叫他馬上帶棒前來。」穆寧見穆質到來，不分青紅皂白，劈頭就是一棒。打完之後，大聲訓斥：「既然你能燒出這麼好吃的菜，從前為何不燒給我吃？」

能燒出這麼扣人心弦的美味，當然算是個大廚師囉！

刀工的好壞，關係著菜的美味與否！莊子的「庖丁解牛」，只是一則寓言，當不得真。東漢傅毅在〈七激〉即有「涔養之魚，膾其鯉魴。分毫之割，纖如髮芒。散如雪谷，積如委紅」的描繪，頗見真章。晉人張協的〈七命〉亦有「秋蟬之翼，不足擬其薄」的譬喻，十分傳神。明代董其昌的詩，更把廚師的刀工絕技，寫得又神又玄，誇張至極。其詩云：「主人之刀利如鋒，主母之手輕且鬆。薄薄批來如紙同，輕輕裝來無二重。忽然窗下起微風，飄飄吹入九霄中。急忙使人追其蹤，已過巫山十二峰。」

蓋唐人的刀工，實今日東洋廚師的鼻祖。其專著有《砍膾書》一篇。談到此中高手，則非段碩莫屬。據段成式《酉陽雜俎》的記述：段碩曾中進士，博學多才，喜交遊，但不熱中仕途，只好研究飲食烹飪，除練就一手高超的烹調技藝外，其精湛的刀工，堪稱出神入化，並世無雙。

段府中常有各式各樣的聚會。每在宴會進行中，他都會當眾切魚製膾，藉以炫耀刀技，自娛娛人。

當他製「魚膾」時，先將魚宰殺、治淨，剔去魚骨，取魚肉放在砧板上，操刀切割，動作敏捷迅速，其切割之聲，甚至合乎節奏與音律。至於所切魚片，隨刀飛舞，薄如蟬翼，細如絲縷，如此高明本事，古今實屬罕見。

南宋時，又出現一位「神刀」。曾三異在《同話錄》一書指出：在東嶽泰山上，「有一庖人，令一人袒背俯僂（即光著上半身，彎著腰、雙臂往下垂）於地，以其背為刀几。取肉一斤許，運刀細縷之。撤肉而拭，兵（指刀）背（指人的）無絲毫之傷」。這比起今人在絲巾上切肉的絕活，其難度可是高太多了。

另，唐人盧言在《盧氏雜說》裡提到一尚食局造饌高手的經歷，故事精采萬分，甚值一提。話說有一御廚因馮給事的緣故，才得以晉見當時的宰相夏譙公，為了表示感謝，他便在精於飲饌的馮給事舊宅露了一手，傳為千古佳話。去馮府親仁坊的舊宅前，御廚請給事先準備好「大台盤一只，木楔子三五十枚及油鐺炭火，好麻油一二斗，南棗麵少許」。到了約定時間，御廚「飲茶一甌」，「便起出廳，脫衫靴，戴小帽子、青半肩、三幅袴、花襜襪肚，錦臂韝（以上為當時廚者的制式服裝）」，「遂四面看台盤，有不平處，以一楔填之，俟其平正，然後取油、鐺、爛麵等調停。襪肚中取出銀盒一枚，銀篦子、銀笊籬各一。候油煎熟，於盒中取子蹠（音餡，以豆製成的餡料），以手於爛麵中團之。五指中各有麵透出，以篦子刮卻。便置子於鐺中，候熟，以笊籬漉出入新汲水中，良久，卻投油鐺中，三五沸取出。拋台盤上，旋轉不定，以太圓故也。其味脆美，不可名狀」。

文中的油䭔子，即至今仍流行嶺南的煎堆，其外觀與今之炸元宵相似。又，文中的這位尚食局䭔，因技藝高超，後由點心師傅，晉升為管理宮廷膳食的正五品官尚食局令。

宋朝時，烹調的行家除了大名鼎鼎的蘇軾外，首推姜特立。據《宋史》上的記載，姜特立，字邦傑，是南京的著名詩人，擔任福建兵馬副都監時，因擒海賊有功，除閤門舍人，知閤事，後拜慶遠軍節度使，吟詩賦詞甚多，有《梅山續稿》等行世。

姜特立平日即愛烹飪，客至必親操刀俎，眾人無不叫好。一日因客既寒且飢，無意中創製一款點心「金絲酒」。他為此極為得意，作〈客至〉詩云：「凍雪垂地寒崢嶸，故人訪我邀晨烹。旋燒姜子金絲酒，卻比蘇公（指蘇軾之子蘇過）玉糝羹。」時至今日，四川江津縣仍有「蛋絲酒」此一小吃，其影響可謂深遠。

到了明神宗時，首輔（相當於宰相）張居正父喪歸葬，所經之處，地方官無不盡力巴結，用水陸珍饌招待。無奈張居正全都看不上，謂無可下筯處。這時候，有個善烹美味的太守錢普，選擇白力救濟，燒了一席「吳饌」（注：錢太守為無錫人，吳饌即今蘇錫幫的菜，其味偏甜）款待。張居正吃了以後，覺得特別香美。於是豎大拇指誇道：「我到了此地後，總算吃飽肚子。」一首輔此言一出，吳饌水漲船高，有錢有勢人家，竟以得吳中庖人治饌為榮。結果，使「吳中之善為庖者，召募殆盡，皆得善價以歸」，造成一股莫大的時尚。

明末清初之際，山西出現一位赫赫有名的「帽花廚子」。這位大廚原名李大垣，又名台徵。他本是位儒生，但不喜讀儒家經典，卻愛舞刀弄鏟及飲食烹調。常烹製濃醰肴饌，專供自己享用。朋友一邀他參加宴飲聚會，他赴宴必攜稱手的廚具，接著霸占廚房，戴上綴有玉花的絨小團帽，繫上圍裙，取出廚具，一面舞刀切割，一面指揮烹調。過沒好久，一桌豐盛的筵席就展現在眾人的眼前。

對於烹飪技藝鑽研極深的他，不愧郇廚手段，迭有奇招妙著。例如燒羊肉時，別人以醬調味，他則運用芍藥，燒得羶臊全無。他另製作一種可以伸縮自如的廚刀，使用、收藏兩便。此刀製成之後，他還邀友朋舉行釁刀儀式，即將牲血塗在刀上，祭祀後再使用，並撰有〈釁刀〉詩一首，以誌此一「盛事」。

帽花廚子對自己高超的手藝十分自豪，曾對人說：「我欲為伊尹代庖。」又說：「我刀法可使陳平北面。」此外，「一再游燕」的他，歸云：「長安絕無滋味，令我食不下嚥。」幸虧他有自知之明，知道詩文欠佳，每次寫成之後，便請人刪改修正，謝禮則是自己調製的旨酒佳肴。其事跡頗富傳奇色彩，載之於傅山所撰的〈帽花廚子傳〉中。

接下來登場的，是震鑠古今的頂級大廚師——王小余。

王小余乃清代美食泰斗袁枚的家廚。東翁既是個品評肴饌的大行家，要天天抓得住他的胃口，其困難度可想而知。然而，王小余硬是要得，惹得袁枚不住聲的稱讚。等到王小余過世後，袁枚如喪考妣，每食必「為之泣」。為了「以永其人」，袁枚還特地寫了篇〈廚者王小余傳〉，賓主關係之融洽，足以為食林生色。

話說袁枚張榜徵求家廚一名，王小余前往「隨園」應徵。由於當時大戶人家的家廚有一陋習，專購參翅鮑肚這類的昂貴食材，袁枚深恐王小余亦是如此，一見面即開門見山的說：「余故窶人子，每餐緡錢不能以寸也。」意思是說，我每頓飯的菜錢，不但不以銀兩計，且用的銅錢亦不能高過一寸。這個條件極苛，曾嚇跑了很多自以為是的應徵者。沒想到王小余一口答應，不久，便製作一些菜肴讓東家品鑒。袁枚大快朵頤後，居然「甘而不能已於咽」。當然毫不考慮，馬上加以聘用。

王小余有個習性，一定親自去採購，經過仔細挑選後，再動手洗濯整理，進行初步加工，絕不假手他人。從以下這兩件事，即可看出王小余治饌的態度和功夫。在火候方面，當他靠近爐灶望著鐵鍋時，必「雀立不轉目」，大氣不敢喘一口。火一太猛，立即喊撤，「傳薪者以遞減」，羹煮得差不多了，侍者則「急以器受」，只要稍微遲疑，鐵定挨頓排頭，因火候「稍縱即逝」。而在調味方面，王小余的本領更大，做菜時，所放的鹽、豉、酒、醬等調味料，奮臂而下，無不恰到好處，「未嘗見染指之試」。

又，按《隨園瑣記（下）》的記載，因「隨園」經常宴請賓客，王小余能燒的葷素佳肴達數百品。但他每次只做六、七道菜，「過亦不治」。但食客們品享他的菜後，竟臻「欲吞其器者，屢矣」的境界，其技藝之高，誠無與倫比。

有人問他如何達到此一境界，王小余則作了三段精采的表白。其一為：「作廚如作醫，吾以一心診百物之宜，而謹審其水火之濟，則萬口之甘如一口」；其二為：「吾苦思殫力以食人，一肴上，則吾之心腹腎腸亦與俱上」；其三為：「濃者先之，清者後之，正者主之，奇者雜之。眡其舌倦，辛以震之，待其胃盈，酸以隘之」。凡此，在在皆顯示他做菜非但重視食材，而且不畏工序繁複，全神一直貫注，整個投入其中。尤有甚者，他對上菜的順序，下過一番研究，這好比一篇好文章，不僅講究起承轉合，並且著重奇正變化，亦唯有如此，始能曲盡其妙。

王小余高超的廚藝及謙遜的態度（注：他認為：「美譽之苦，不如嚴訓之甘」，唯有中肯的批評，才能更上層樓），固然令人折服，但他最可貴亦最可敬之處，則是忘我精神。畢竟，「味固不在大小華嗇間也」，只要用心去做，則「一芹一菹皆珍怪」，反之，則「雖黃雀鮓三楹無益」。難怪袁枚在其傳中會發出：「且思其言，有可治民者焉，有可治文者焉」這樣的感歎了。

與王小余同時期的割烹妙手，除了「善炙肉，炙鴨亦佳」的謝魁、善燒鴨的陸喜，深得「燉鰣魚」之妙的徐廚夫、「爆蟹」一流的周四麻子、得「河豚醬」神髓的李子寧及精於「蒸鰻」的太原趙氏外，尚有李斗在《揚州畫舫錄》中搜錄的「吳一山『炒豆腐』，田雁門『走炸雞』，江鄭堂『十樣豬頭』，汪南谿『拌鱘鰉』，施胖子『梨絲炒肉』，張四回子『全羊』，汪銀山『沒骨魚』，……孔訒庵『螃蟹麵』，文思和尚豆腐，小山和尚『馬鞍橋』」與御廚張東官。

話說清高宗於乾隆三十六年（一七七一年）二月南巡至山東。初七日在南倉大營馬頭進晚膳。是夜除隨行御廚燒的菜外，尚有長蘆鹽政西寧，以重金特地從蘇州敦聘的大廚張東官所做的四道菜。皇帝對張東官的「冬筍炒雞」及「櫻桃肉」極為欣賞，賞賜其一兩重的銀錁兩個。後來更攜至北京，賞以六品頂戴，時人視為莫大榮寵。

從此之後，御廚的菜肴為之一變，由純魯味雜以蘇味。「櫻桃肉」更成為御膳房的招牌菜之一，歷代帝王后妃無不愛好，連慈禧的「御」膳中，都常出現它的蹤跡，其影響之大，由此即可見一斑。

走筆至此，益對這些大廚師們景仰不已。唯有透過他們不斷的努力，中國菜才得以跳脫既有的格局，笑傲食林，舉世稱尊。

• 「金絲酒」作法

即將米酒倒入鍋中加熱，再把雞蛋磕入碗中，調散後緩緩倒入鍋中，然後急速攪拌，蛋液一遇熱，即成縷縷金絲，最後盛入碗中即成。

• 「櫻桃肉」作法

清代《調鼎集》載其燒法，謂：「將肉切成小方塊，如櫻桃大，用黃酒、鹽水、丁香、茴香、洋糖同燒。」以形似櫻桃而得名。

歷代廚娘精肴饌

飲食雖是小道，確有可觀者焉。可是中國正史中的飲食資料，幾乎一片空白。而在此一鱗半爪裡，關於女性者，更是屈指可數。幸而可從前人的筆記、詩文、小說等尋找。其中，有官太太（指正室及姬妾）主中饋的部分，廚娘（包括開小店為生者）亦占有一席之地。本文所要探討的則是後者，起自唐朝，止於民國，挺有意思。

千古廚娘中，名號最響的，首推膳祖。原來唐穆宗時，「疏爽重義節」的段文昌（字墨卿，原籍山東臨淄，世居荊州，生於唐代宗大曆八年，卒於唐文宗太和九年。與詩文名家白居易、劉禹錫、柳宗元、韓愈為同時期人）拜相，復授西川節度使「同中書門下平章事」，即以宰相銜出鎮西蜀。文宗即位，拜御史大夫，封鄒平郡公，移鎮荊州。而「尤精饌事」的他，曾編過《食經》五十卷，盛行一時，人們特稱之為「鄒平公食憲章」，可惜現已失傳。

段府的廚房「榜曰『鍊珍堂』，在塗號『行珍館』」，由一位名膳祖的不嫁老婢主掌，前後長達四十年之久。經她調教出來的廚娘，多達一百個，「獨九婢可嗣法」。就此觀之，燒菜一級棒的膳祖，不僅手藝過人，且能教出高徒。其事蹟載於北宋陶穀所撰的《清異錄》中，雖著墨無多，但可想見其手采，令人由衷敬佩。

段文昌之子段成式，字柯古，擔任校書郎。他博學強記，善樂律，精肴饌。著有《酉陽雜俎》三十卷，其中的〈酒食〉篇記述了南北朝到唐時的飲食掌故，還載有《呂氏春秋・本味篇》中提到的百餘種食材、調料及酒菜的名稱，並輯錄了佚書《食次》、《食經》所載菜點的製法。

宋初郭進家的廚娘，亦非等閒之輩。郭進起初仕周（即五代的後周），任洛州團練使。宋開國後，以征戰有功而得官。嗣因遭田欽祚陷害，自縊而亡。

郭進講究飲食，十分重視家庖。值後周覆亡之際，一些宮女流落在外。他偵知其中有周世宗在位時，便善於烹飪者，立即找至府中，委以家廚重任。

這些廚娘非但能燒佳肴，還會製作精巧細點。一日，一廚娘取一巨大容器，分成十五格；再揉麵成糰，剁肉為餡，每一格內，皆置一精心製作的折枝蓮花。但見這十五枝折枝蓮花，姿態各異，五彩繽紛，分外好看。郭進望了望此栩栩如生的蓮花，半晌不忍品嘗。經廚娘催促後，他才取出一朵，仔細品嘗一番，味道出奇地好。便問：「此一點心何名？」廚娘回道：「它名『蓮花餅餡』，宮內管它叫『蕊押班』。」後來，有幸嘗食的人，無不嘖嘖稱奇。

到了北宋年間，汴京有不重生男重生女的風氣，據廖瑩中《江行雜錄》上的說法，「京都中下之戶，不重生男，每生女則愛護如捧璧擎珠。甫長則隨其資質，教以藝業，用備士大夫採拾娛侍。名目不一，有所謂身邊人、本事人、供過人、針線人、雜劇人、琴童、棋童、廚娘等」，其中又以「廚娘最為下色，然非極富之家不可用」。

這些廚娘的本事究竟如何？依宋人洪巽在《暘谷漫錄》的記載，知其「調羹極可口」。他並舉一例，以資佐證。

話說有位出身寒素致仕還鄉的太守，久慕京城廚娘的手藝，頗想一嘗為快。乃託友人物色，過了一段時日，便送一名年方二十餘、相貌極美，新近從某王府辭廚的廚娘來。太守欣喜若狂，請她操辦小筵。廚娘請太守點菜。老人家欣然接受，點了「羊頭簽」、「蔥齏」等當時名菜，準備大快朵頤，好好打打牙祭。

廚娘於是「謹奉旨教，舉筆硯，具物料，內羊頭簽五份，各用羊頭十個；蔥齏五碟，各用蔥五斤，他物稱是。」小試一下身手，居然搞這麼大。太守因頭一次打交道，雖「疑其妄」，但不便駁她，也不願「遽示以儉鄙」，只好來個「姑從之，而密覘其所用」。

第二天，「廚役告物料齊」，廚娘乃「發行篋，取鍋、銚、盂、勺、湯盤之屬，令小婢光擦以行，璀璨耀目，皆白金所為，大約計該五、七十兩。至如刀砧雜器，亦一一精緻」，甚令「傍觀嘖嘖」。瞧她的陣仗，還真有夠炫！

好戲接著登場。「廚娘更圍襖圍裙，銀索攀膊，掉臂而入，踞坐胡床。縷切，徐起取抹批臠，慣熟條理，真有運斤成風之勢。其治羊頭也，漉置几上，別留臉肉，餘悉擲之地……其治『蔥齏』也，取蔥微鍘過沸湯，悉去鬚葉，視碟大小分寸而截之，又除其外數重，取心之似韭黃者，以淡酒、醯（即醋）浸漬，餘棄置而不惜。」由於本領高強，加上料精工細。難怪「凡所供備，馨香脆美，濟楚細膩，難以盡其形容，食者舉箸無贏餘，相顧稱好」。太守臉上飛金，自不待言。

這頓家常小宴，因為所費不貲，太守自忖財力有限，無福經常消受，乃私下嘆謂：「吾輩事力單薄，此等筵席不宜常舉，此等廚娘不宜常用！」隔沒多久，就編排個理由，將這位特地從京城請來的「超級廚娘」打發走了。可惜的是，這位廚娘不曾留下芳名，但她的行頭、架式及本事，全都高人一等，即使放在今日，也是搶眼一族。

至於那「調羹」極「可口」的代表人物，首推宋五嫂。

魚羹原是汴京風味，宋五嫂出身廚娘，擅燒此味。後因金人攻陷汴京，宋室偏安江左，建都臨安（今杭州）。五嫂隨駕南下，靠賣魚羹度日，因為生涯不惡，尚能維持溫飽。

據宋人周密《武林舊事》的記述：孝宗淳熙六年三月十五日，太上皇趙構登御舟閒遊西湖，命內侍買湖中的魚、龜放生，並宣喚在湖邊作買賣的，各有賜與。設攤於此的宋五嫂適逢其會，獻上親炙的魚羹。太上皇乍見故里風味，勾起陣陣鄉愁，而在嘗過之後，引發不少感慨。因這魚羹「味美」，不免讚賞一番，又憐五嫂年老，多賜金銀絹匹。消息傳開之後，當然「人所共趨」。宋五嫂發了筆財，選在錢塘門外，開設專賣飯店，遂成杭州名食。清人陶元藻曾撰詩吟詠其事，詩云：「潑刺初聞柳岸旁，客樓已罷老饕嘗。如何宋嫂當壚後，猶論魚羹味短長。」

《吳氏中饋錄》堪稱中國第一本女性所撰的食譜。原收錄於《說郛》中，謂浦江（今浙江義烏）吳氏（佚名）之作。本書的由來及年代，均不清楚，但由其文字極為簡約的記述風格，特別是所記載的菜肴，皆有詳細的烹飪製作過程及方法觀之，其成書年代，應不早於南宋以前。

全書內容分脯鮓類（二十二條），製蔬類（二十九條），甜食類（十五條）。並對

宋五嫂為「調羹」代表人物。

每個品種的選料、加工、調味、火候等具體操作程序，記敘十分詳盡，通俗易懂，如「蒸鮒魚」條：「鮒魚去腸不去鱗，用布拭去血水，放蕩籮內，以花椒、砂仁、醬擂碎，水、酒、蔥拌勻，其味和，蒸之。去鱗，供食。」又如「糖薄脆」條：「白糖一斤四兩，清油一斤四兩，水二碗，白麵五斤，加酥油、椒油、水少許，揉和成劑，擀薄，如酒盅大，上用去皮芝麻撒勻，入爐燒食，食之香脆。」由於所記載的每個品種，其食材及用量非常清楚，製作要領明確，而且易於仿製。所以，其絕大部分的內容，都被元代的《易牙遺意》、明代的《飲饌服食箋》、清代的《食憲鴻秘》等食經吸收，而流傳至今。

我個人最愛的菜色，為書中的「爐焙雞」。其製作為：「用雞一隻，水煮八分熟，剁作八塊。鍋內放油少許，燒熱，放雞在內略炒，以鏇子或碗蓋定。燒及熱，醋、酒相半，入鹽少許，烹之。候乾，再烹。如此數次，候十分酥熟取用。」綜觀此菜，已融煮、炒、焙、烹四種燒法於一爐，實較今日江浙菜的「炸八塊」，味道更蘊藉而深奧。

此外，本書所涉及的烹調方法有：熬、拌、炒、蒸、焙、糟、燉、炸、醬、煮、煎、炭炙、油炙、生燒、酒醃、糖纏；加工方法有：切、擀、包、揉、浸、札（即紮）、槌、剁、批、卷、釀等；食材加工成形有：塊、蔥花、榧子樣、錢眼子、箸頭條、絲、片等。其中絕大部分的名詞迄今仍在使用，故不僅對中國烹飪技術的發展和演變，大有參考價值，同時亦可由此洞察宋代家庭飲食面貌，影響不可不謂深遠。清初以降，關於廚娘的記述益多，最令大美食家袁枚心儀的，共有兩位，一位是招姐，一位是蕭美人。

據《清稗類鈔》上的說法，招姐為袁枚府中的「灶婢」，因她「年少貌秀，服役甚勤，裁縫澣濯之外，兼精烹飪」，只要袁枚有不時之需，必能準備妥當，正是所謂的「能聽於無聲，視於無形」。袁枚的愛妾方聰娘，懂得他的癖性嗜好，靠著招姐「左之右之」，遂抓得住袁的脾胃，袁枚因而「常自詡其口福」。凡「有不速之客來」，招姐則「摘園蔬，烹池魚，筵席可咄嗟辦，具饌供客，有絡秀風」（按：絡秀姓李，西晉太康時人，善烹飪，事蹟見《晉書・列女傳》）。招姐於二十三歲那年，嫁劉霞裳為妻。袁枚還曾感慨地說：「鄙人口腹、被夫已氏（指劉霞裳）平分強半去矣。」

蕭美人更不是省油的燈，詩人白守清曾讚她面如夾岸芙蓉，目似澄澈秋水。她的出身，眾說紛紜，或為歌姬，或為風塵女子。待徐娘半老，乃揮別歡場，轉業點心店，仍沿用「蕭美人」的舊名。由於她具神仙般的手藝（人稱「麻姑指爪」），加上能式樣翻新，小巧玲瓏，價錢當然「其貴比金」。據說乾隆巡江南時，迎駕的袁枚，便以其點心獻食御前，一經品題之後，立刻身價十倍。一些文人雅士，無不寫詩讚譽有加，其中最膾炙人口者，有以下二首——

吳煊詩云：「妙手纖纖和粉勻，搓酥糝拌擅奇珍。自從香到江南日，市上名傳蕭美人。」

趙翼詩云：「出自嬋娟乞巧樓，遂將食品擅千秋，蘇東坡肉眉公餅，他是男身此女流。」

至於袁枚在《隨園食單》中的評價，則是「儀真（即江蘇儀徵）南門外，蕭美人擅製點心，凡饅頭、糕、餃之類，小巧可愛，潔白如雪」。另，江蘇巡撫奇豐額食而甘之，亦有句云：「紅綾捧出饒風味，可知真州獨擅長。」將其與唐代名點「紅綾餅」並列，足見蕭美人不愧是當時技藝超群、譽滿江南的頂級廚娘。

其實，《三風十愆記》裡的「草頭娘」及李光庭《鄉言解頤》裡的梁五婦、高立婦，也是手藝高超、堪稱一時之選的廚娘。

草頭娘的治饌水平高人一等，「凡尋常肴品，一經其手，調和輒可人口，如嘗異味」，有這等本事，當然「人益爭慕之」，於是「邑中豪富勢官，日命肩輿邀草頭娘至家治庖」，自在情理之中了。

蕭美人具有神仙般手藝。

寶坻縣王達齋家的廚娘梁五婦，最擅長的是炙肉，而且「不用叉烤」，她的方法為「釜中安鐵奩，置硬肋肉於上，用文火先炙裡，使油膏走入皮內」，此肉的特色是，「以酥為上，脆次之」。又，「蟹肉炒麵」亦是其拿手菜。

芮宣臣家的高立婦則以「煨肉」取勝。其製法為：「大約硬短肋肉五斤，切十塊，置釜中，加酒料醬湯，以盎覆之。火先武後文，一炷香為度」，味道方面，絕不與人同，乃「色味俱佳，不但爛熟也」。

同時代的「麻婆豆腐」，亦是廚娘的傑作。本姓劉的陳麻婆，因臉蛋上長了幾顆麻子而得名。她為成都萬福橋頭金花街「陳興盛飯鋪」老闆陳春富之妻兼掌勺，手藝相當不錯，為人也很四海。有些經常路過的腳伕，由於吃不起店內的飯菜，遂與店主夫婦商量，希望由他們提供價賤的豆腐和牛肉，請陳麻婆加工整治，做個豆腐菜下飯。陳麻婆爽快答應，不嫌其利甚薄，照樣精心烹調。她所燒出來的豆腐，又香、又麻、又辣、又燙，具有獨特風味，且「燙得頭上出汗，全身卻很舒服」。此事一經傳出，馬上轟動錦城，天天門庭若市。「麻辣豆腐」由是知名，一躍而成中國名菜，現已播譽世界各地。馮家吉的《錦城竹枝詞百詠》即讚云：「麻婆豆腐尚傳名，豆腐烘來味最精。萬福橋邊帘影動，合沽春酒醉先生。」意在弦外，引人遐思。

民國以來最有名的廚娘，首推廣州「太史第」（江孔殷的居所）的六婆。六婆原先製作點心，像「齋紮蹄」、「齋鴨腎」和「甘草豆」一類的口果即是。根據香港美食名家江獻珠的回憶，她的「大豆芽豬紅粥」、「綠豆芽炒齋粉」、「杏仁糊」、綿滑香甜的「蓮子百合」、「紅豆沙」、「臭草綠豆沙」等，都是府中小孩子們的最愛，每每吃得不亦樂乎。

六婆的本領當然不止於此。以注重飲食聞名的江孔殷，對吃十分挑剔。逢年過節所食的「蘿蔔糕」和「鹼水粽」，前者用粉特少，後者非常的軟，能煎得令他滿意的人，只有六婆而已。據云這種「蘿蔔糕」，「味道精美而不見料，軟糯清鮮，不愧為經典之作」。而中秋夜必備的「芋頭炆鴨」，亦是六婆的拿手好菜。芋艿必選紅芽細小勻淨的，刮皮之後，置於陽光中稍曬，再放陰涼處風乾，然後用麵豉與鴨同炆，據說「和味之極」，「現在想來也會垂涎欲滴」。

燒齋菜是江府每年的重頭大戲，全由六婆包辦，其他的素筵亦然。其得意之作有「炒大豆芽菜鬆」、「三寶（菱角、鮮草菇和絲瓜塊）素會」、「碌結（芋餅）」、「炒齋桂花翅」、「齋燒鴨」、「甜酸齋排骨」、「燉冬菇」、「炆生根」、「羅漢齋」、「甜鍋炸」及「鼎湖上素」等，本領高超，耐人尋味，難怪江獻珠會稱許她為「江太史第的特一級女廚子」。

走筆至此，益對廚房中的另類高手——廚娘們，致上最高敬意，如少了她們的參與，必使食林失色不少；也唯有她們各擅勝場，中國菜才百花齊放、同中求異，放眼全球，唯我獨尊。

•「無心炙」典故

段成式有乃父之風，喜好飲食，精於品味。有一次，他單騎出外打獵，錯過吃飯時間，肚子飢餓難耐，便尋一戶人家，叩門求食。老婦啟門迎客、點火架鍋，無奈家中只有豬心可食。只好切細加水煮成了「炙臛（肉羹）」，給段成式充飢，段成式食畢，覺其味甚美，認為「此菜因老嫗隨意烹製，而能如此味美，實因保留了食材中的自然鮮味」。

既回府中，席上雖佳肴紛呈，但他仍懷念山中的「炙臛」，便令廚娘依式烹製，果然不相上下，正因「無心成菜菜自美」，遂命名為「無心炙」，為食林平添一段佳話。

•「宋嫂魚羹」作法

此「名家馳譽者」的「宋嫂魚羹」，特色為南料北烹，意乃就地取材，運用北方烹調技法製作。其製作要領為：將約重六百克的鱖魚（鱸魚亦可）剖洗乾淨，批成兩片，皮朝下置盤中，加蔥結、薑塊、料酒、精鹽，上籠以旺火蒸，約六分鐘取出。揀去蔥、薑，鹵汁倒入碗中備用。接著將魚撥碎，剔除皮骨，放入鹵汁碗內。將炒鍋置旺火中，下熟豬油少許，投入蔥段煸香，隨後加清湯、紹酒，沸起，揀去蔥段，放入筍絲、香菇絲同煮至沸，再把魚肉及鹵汁倒入，加醬油、鹽調味。待沸即撈起，即勾薄芡，傾入三個蛋黃液攪匀，添醋及豬油，然後起鍋裝盆，撒上火腿絲、蔥薑絲即成。

此菜妙在色澤黃亮，鮮嫩滑潤，又因其食來有螃蟹的滋味，故又稱為「賽蟹羹」。

玉手纖纖主中饋

有清以還，廣東的富戶們，幾乎家家擁有三房四妾，而姬妾成群的，亦不在少數。據說這些姨太太們，每人都有一兩手烹調絕技，只要老爺請客，每位姨太太必親操刀俎，使出渾身解數，精製一兩樣菜色，湊起來即是一桌上好的酒席。這些話，是出身廣東番禺巨室、外交才子的葉公超，告訴梁實秋的，其可信度極高。然而，我的想法卻是，如果沒有一個大廚房或幾個小廚房，而且必有人負責提調及總其事，勢必無法奏功。而這個關鍵人士，更非大太太莫屬，畢竟此一中原古風，實有脈絡可尋。

所謂中饋，古代是指婦女在家中主持飲食之事，如漢人張衡〈同聲歌〉云：「綢繆主中饋，奉禮助烝嘗。」且主此中饋者，必須是主婦或地位如夫人的姬妾，不然即謂之廚娘。因此，在女人的世界中，廚娘因專業之故，當然高手如雲。但主中饋者，由於「烹飪必親，米鹽必課，勿離灶前」，加上得掌握住男主人或翁姑的習性，更須謹慎從事，像唐詩人王建的〈新嫁娘〉一詩云：「三日入廚下，洗手作羹湯。未諳姑食性，先遣小姑嘗。」就是一個明顯的例子。而在如此兢兢業業下，自然技藝精進，不乏個中好手，開闢飲食的另一片天地。

首先載諸史傳的，為《後漢書．獨行傳》陸續的母親。話說陸續受楚王劉英謀逆案的牽連，被捕入獄，囚在洛陽。其母聞訊，立刻自江南啟程，趕往監所。她老人家無由探監，便燒了一頓飯，懇請獄卒轉送給陸續吃。陸續一見飯菜，悲從中來，放聲大哭。獄卒覺得奇怪，便問他緣故。他回答說：「家母作羹切肉未嘗不方正，切蔥寸寸無不相同，看了這些飯菜，曉得必出自母親之手，近在咫尺，卻無由相見，所以心裡難過。」此事上達天聽，皇帝十分感動，頓起惻隱之心，竟赦免其死罪，放他還歸故里。陸續母親的手藝如何，我們無由知悉，但其為人及刀工，定有可觀之處。

繼之而起的，為《晉書．列女傳》中的李絡秀。李絡秀為汝南人，待字閨中。安東將軍周浚出獵遇雨，趕往李府躲避，周、李二家為世交，正好絡秀的父兄都不在家，「絡秀聞浚至，與一婢於內宰豬羊，具數十人之饌，甚精辦，而不聞人聲。浚怪，使覘之，獨見一女子甚美，浚因求為妾。」或許是一見鍾情，儘管這門親事絡秀的父兄堅不答應，但小妮子不依，一定要嫁給周浚，父兄無奈，只好同意。李絡秀持家有方，周浚遂以功封侯，兩人共生三子。長子周顗歷官尚書左僕射，次子周嵩累遷御史中丞，幼子周謨任中護軍，封西平侯，一門三傑，並居顯位。我認為最值得稱道的，還是李絡秀能不聲不響地燒出數十人受用的豐盛宴席，這手超凡入聖的功夫，理當在食林記上一筆。

魏晉南北朝時期，中國的食譜及其相關著作甚多，可惜泰半流失，現保留最多者，為《崔氏食經》，它之所以廣為流傳，實與部分內容被收錄於《齊民要術》一書中，有莫大關係。

時當五胡亂華，中原地區的名門望族（即士族）如范陽的盧諶、清河的崔悅、潁川的荀綽、河東的裴憲、北地的傅暢等，「雖俱顯於石氏（即羯人石勒父子的後趙政權），恆以為恥」。其中范陽的盧氏及清河的崔氏，尤為中原第一流的大族，並且世世聯姻。《崔氏食經》的作者為崔浩，其母親即為盧諶的孫女。

據《魏書・崔浩傳》的記載，崔浩「少好文學，博覽經史，玄象陰陽，百家之言，無不關綜，研精義理，時人莫及」，遂成北方學術領袖。他之所以受知於魏太祖，在於他「恭勤不怠」、「砥直任時，不為窮通改節」，故屢有御膳之賜。世祖在位時，更常去其府，「多問以異事」。倉卒之間，所進蔬食，「不暇精美」。世祖仍「為舉匕箸，或立嘗而旋」，足見君臣遇合之美及雙方關係之深。

由於崔浩「自少及長，耳目聞見，諸女諸姑所修婦功，無不蘊習酒食。……常手自親焉」，後因遭逢亂世，「聰辯強記」的崔老夫人，擔心日子太久，有關飲食祭祀之事，或廢或忘，使「後生無知見」，便開始口述，由崔浩執筆，共寫了九篇，藉以保存其家族中，婦女「朝夕奉舅姑，四時祭祀」的飲食資料，故《崔氏食經》所載的飲食菜肴，無一不是當時中原地區士民的日常飲食。加上北方世族累世聚族而居，家族中財產共有，並一家動輒百餘口，以至千口，而且同炊共灶，所以《崔氏食經》中對食物的製作，往往數量龐大，像「跳丸炙」用羊肉十斤、豬肉五斤，另以羊肉五斤作臛，「犬牒」須用犬肉三十斤，「白餅」則用麵粉一石，適足反映出其家族的食指浩繁與生活形態，極具研究價值。

基本上，這部食經乃崔母盧氏主持中饋的經驗累積，從收藏食物，如藏蘘荷、乾栗、柿、木瓜、蕨、越瓜、梅瓜、菰、薑、楊梅諸法；到製作調料，如作麥醬、芥醬、豉、白醪酒、苦酒、清酒諸法；及各式的菜肴麵飯為止，現雖只流傳下遺文三十七條，但其觸角多元與條條分明，在在說明其手藝之精與超強的記憶力，確非常人可及。

到了明代中葉，中國飲食史上出現兩本鉅著，它們分別是《宋氏養生部》及《宋氏尊生部》，二書皆編入《竹嶼山房雜部》，現藏於北京圖書館特藏書庫。清紀昀等所編的《四庫全書總目提要》認為此二書係「讀書考古者所為，非同凡響」，足見其評價之高。

全書共六卷的《宋氏養生部》，其作者為宋詡，字可久，乃松江華亭人。因其母朱太安人善烹調，曾隨她父親宦遊京師，且她夫君在江南數地任職時，隨其赴任，故眼界寬廣，對南北諸多菜肴都很熟悉且精於製作。而這位除「習知松江之味」外，又「遍識四方五味之宜」的朱太安人，晚年更將一己心得「口傳心授」，宋詡即據此在明英宗弘治十七年（一五〇四年）錄撰成書，成為食林奇葩。

本書的特色是，涉及範圍極廣，所收菜點以北京和江南的風味為主，兼及廣東、四川、湖北等地，以及少數民族的一些菜色之烹製經驗，其特點為：對每種重要的食材，必先說明初步加工的方法，然後分述不同菜點的具體燒法，並將多種烹飪方法概括分類，條理清晰，查用方便，例如卷三「獸屬製」中「豬」項下，就收有「烹豬」、「蒸豬」、「鹽酒燒豬」、「爊豬」、「鹽煎豬」、「醬煎豬」、「醬烹豬」、「醋烹豬」、「豬肉餅」、「火豬肉」、「風豬肉」，和「糝蒸豬」、「油爆豬」、「火炙豬」、「炕豬」等三十多款豬肉菜點，且其史料敷陳較高，迄今仍有借鑒價值。

《宋氏尊生部》的作者為宋公望，字天民，為宋詡之子。全書計十卷，分湯部、水部、酒部、麴部、醬部、醋部、香頭部、爊料部、糟部、素餡部、辣部、麵部、粉部、糖部、飯粥部、果部等部分，總共收錄二百多種食品製作及保藏法，除一些自《居家必用事類全集》及《事林廣記》等書轉錄者外，亦有其獨到之處。比方說，「齏麵」、「無錫雪花餅」、「水團」、「冷團」、「馬腦糕」、「駱駝蹄」、「韭餅」、「天香餅子」等麵點，不論在製法和風味上，均明顯具有江南特色，而為他書所無者，值得研究者重視。

朱太安人最令人敬佩之處，不僅在於她高明的廚藝，同時她能結合前人的經驗，把食材及菜肴的精妙處心領神會，從而使子、孫對其烹飪智慧作一總結，並且發揚光大。以致數百年後，仍使人對其丰采望風懷想，傾慕不已。

明末清初之際，江南才子佳人輩出，精於廚藝的貴夫人亦復不少。平南王尚之信的寵姬謝茶兒及冒襄的愛妾董小宛，並為一時之最，後者功力尤深，令人難望項背。

尚之信封平南王，駐節廣東。他個人最喜食塌棵菜（即凍青菜），可是嶺南地區極少霜雪，故塌棵菜的品質遠較江南遜色。謝茶兒為了讓尚之信遂願，特地闢了一處菜園子，精心播種，務使品質提升，寒暑不缺。此外，她又指點王府廚子燒菜，好到直追江南，從此之後，嶺南就有「茶兒菜」的美譽。詩人陳恭尹曾賦詩以詠其事，內有「王為異姓鎮炎海，海珍已饜粱肉改。大開庖廚愛園蔬，小試鸞刀非屠宰。松下清齋露葵折，美人越俎王心悅。擅寵由來味足甘，圃中風物徒搖舌」之句，傳誦一時。

冒襄，字辟疆，別號巢民，江蘇如臯人。「少年負盛氣，才特高，尤能傾動人」（見《清史稿》），與桐城方以智、宜興陳貞慧、商丘侯方域齊名，並稱「四公子」。其家有園池亭館之勝，性喜招致賓客，幾無虛日，家道從此中落，仍怡然不改，雖隱居不出，但其名更大。一生著作頗豐，書法號稱絕妙，喜作擘窠大字。明亡之後，與愛妾董小宛（即秦淮八美之一）築香巢於「水繪園」，並有《水繪園詩文集》等行世。董小宛香消玉殞後，冒襄悲痛欲絕，寫了一篇〈影梅庵憶語〉，追念他們共度的那段美好時光，亦即記錄了他們極富情趣與藝術化的飲食生活，引人無限遐思。

此「水繪園」臨江而築，門前遍植梅花，因小宛最愛梅，可惜其壽不永，婚後九年病逝，冒襄悲從中來，自謂：「余一生清福，九年占盡，九年折盡矣。」這對夫妻除因嗜茶外，且因冒襄的胃口小，但「嗜香甜及海錯風熏之味。又不甚自食，每喜與賓客共賞之」。董小宛知道他難伺候，乃「竭其美潔，出佐盤盂」。由於她本身於「食譜、四方郇廚（注：指技藝高超之廚師，典出唐代郇國公韋陟，韋陟生活奢華，精治美食，徵聘一流名廚治膳，時人謂之「郇廚」，一直沿用至今）中，一種偶異，即加訪求，而又以慧巧變化為之」，故能推陳出新，每多獨創之作，自然「莫不異妙」。

董小宛所燒菜使人稱奇。

董小宛燒葷菜的手段，從下面這段話，即可見其一斑，文云：「火肉（即鹹肉，俗稱家鄉肉）者無油，有松柏之味；風魚久者如火肉，有麂鹿之味。醉蛤如桃花，醉鱘骨如白玉。油蝟（即刺蝟）如鱘魚，蝦鬆如龍鬚，烘兔酥雞如餅餌，可以籠而食之。」另，她所燒的素菜，亦妙不可言，「他如冬春水鹽諸菜，能使黃者如臘，碧者如苔。蒲、藕、筍、蕨、鮮花、野菜枸蒿、蓉菊之類，無不采入食品，芳旨盈席。……菌脯如雞樅（即雞樅），腐湯如牛乳。」其取材之廣及嫻於廚藝，自不在話下。

然而，董小宛的飲食技藝尚不止此，堪稱十項全能，不論是製作各式各樣的花露及膏糖，樣樣精通，無一不行。而且其製法融入唯美意境之中，尤使人嘖嘖稱奇。

譬如「釀飴為露，和以鹽梅」的製作，她將那些有色香的花蕊，必選在初放時採之、漬之。如此，香味顏色才能不變。其色紅鮮如摘，且花汁融於液露之中，才能「入口噴鼻，奇香異豔」。而這些花露中，最嬌貴的是秋海棠露，因「海棠無香，此獨露凝香發」，又海棠俗名斷腸草，一般認為不能吃，其實味美在諸花之上。其次為梅英、野薔薇、玫瑰、丹桂、甘菊之屬。又，橙黃、桔紅、佛手、香橼，只要去白縷絲，「色味便勝」。每遇冒裹酒後，小宛即拿出數十種花露，「五色浮動白瓷中」，足以解醉消渴，即使是金莖仙掌這樣的尤物，也難與之抗衡。

至於她所製作的桃膏、瓜膏亦非比等閒。先「取五月桃汁、西瓜汁，一穰一絲漉盡」，再「以文火煎至七、八分，始攪糖細煉」，結果「桃膏如大紅琥珀，瓜膏可比金絲內糖」，只要碰到酷暑，董小宛必親取其汁以示潔，接著「坐爐邊靜看火候成膏，不使焦枯」，雖可分濃淡數種，但此一特別異色異味，好到出人意表。當然啦！廚藝想達到以上境界，須有多方面的文化陶冶。董小宛於繪畫、書道、吟詩、製香等，無一不好，且有一定造詣，如無這些文化浸染，豈能臻此化境？

可惜的是，本名白，字青蓮的董小宛，才活二十七歲而已。如果她再活得長久些，應可創製出更多精緻的美點佳肴，既昌大中國飲食的內涵，也點綴了大家的生活美學。

乾隆年間，出現了與蕭美人並稱的頂尖製點心高手，此即陶方伯夫人。她「每至年節，……手製點心十種，皆山東飛麵所為。奇形詭狀，五色紛披。食之皆甘，令人應接不暇」，薩制軍（即總督）嘗過後曾說：「吃孔方伯薄餅，而天下之薄餅可廢；吃陶方伯十景點心，而天下之點心可廢。」可嘆的是，自陶方伯死後，此點心便成了廣陵絕響，再也吃不到了。

所謂方伯，即封疆大吏或方面大員之意，品秩極高。陶方伯夫人的點心固然精采絕倫，載之於《隨園食單》內；然依《三風十愆記》的講法，同時期的錢姓富人，官職僅至副使，但「富而官，官益富」的這位老兄，其口福特佳。原因無他，在於其善烹調的夫人，以「新、清、精」的菜肴款式，引領風騷，如「葷粉皮」一味，即專買剛捕獲的野鱉，宰後略煮，只剔裙邊，鑷去黑翳，使極純淨瑩白，再用豬油爆炒，調以薑桂末製成。賓客但聞異味馨香，入口即化，卻不知由何物製成？又如「蒸野鴨」，其作法為：「去毛極淨，乃空其腹，用五香和甜醬、醬油、陳酒實腹中，而縫其隙，外用新出鍋腐衣包之，乃蒸。蒸爛去皮，自頸至腿，節節開解之。抽其骨，只存頭腳，仍用全體。再用五香、甜醬、醬油、陳酒等料入原汁中，微火之，視汁將乾，乃取以供客。」再如「雄雞冠」，其製作則是將雞冠洗淨後，以絹裹住，入糟缽中糟一宿，取出切絲，再用麻油、甜酒等調料，同香菌、筍芽等合炒。賓客嗜食其味，卻莫知為何物？它如「炙羊腰」、「炒鴨舌」、「煮雞鴨腎」、「鴿蛋香蓮」、「青魚尾羹」等等，無不精巧新奇，絕非市肆酒樓食店裡，所可能嘗到的妙品，手藝高明至此，難怪大書特書。

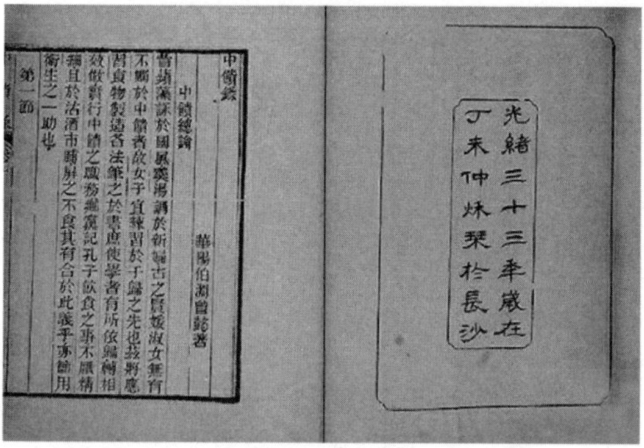
光緒三十三年歲在丁未仲秋栞於長沙

中饋錄

中饋總論　華陽伯淵曾懿著

昔蘋蘩詠於國風，羹湯調於新婦，古之賢媛淑女，無有不嫻於中饋者，故女子宜練習於于歸之先也。茲將應習食物製造各法，筆之於書，庶使學者有所依歸，補相效倣，實行中饋之職務，兼竊記孔子飲食之事不厭精細，且於沽酒市脯屏之不食，其有合於此義乎，亦備用衛生之一助也。

第一節

《中饋錄》對研究食品發展史提供了不少素材。

晚清時期，中國又出現一部家庭烹飪經典，此即光緒三十三年（一九〇七年）在長沙刊印的《中饋錄》。

此書的作者曾懿，字伯淵，又字朗秋，四川華陽人。其父曾詠，道光年間中進士，曾任吉安府知府；其夫袁學昌，光緒五年舉人，官至湖南提法使；其子袁勵准，光緒二十四年進士，授翰林院編修、南齋侍從。《清史稿・列女傳》稱她「通經史，善課子」，除《中饋錄》外，尚有《古歡堂詩集》、《醫學篇》、《女學篇》等著作。

聰慧賢良，閱歷豐富，工詩能文，擅長廚藝的曾懿，她寫《中饋錄》的目的，在勸諭女子學習烹調，方便持家，並以自身的烹飪實踐，用淺顯的文字寫出，使初學者易於掌握，由於製作方法簡易，加上條理明晰，堪稱是部影響當時及後世極大的家用食品指南。

《中饋錄》計一卷，分二十節，另加總論和兩個附錄。集中共介紹十九世紀末中國南方諸省醃製、釀造、烹調和儲藏食品的二十二種方法，有製宣威火腿法、製香腸法、製肉鬆法、製魚鬆法、製五香熏魚法、製糟魚法、製風魚法、製醉蟹法、製皮蛋法、製辣豆瓣法、製鹽泡菜法、製冬菜法、製酥月餅法等等。另，書中所涉及的地方風味，如雲南的「宣威火腿」，江蘇的「醉蟹」、「肉鬆」、「皮蛋」，四川的「鹽泡菜」等，這對研究食品發展史者而言，提供了不少具參考作用的素材。

民國以後，開始實施一夫一妻制，早期都是男主外，女主內，因而「內人」主中饋的高手，一直不乏其人。其中較為大家所熟知者，為宋慶齡、王映霞及梁實秋的元配程季淑。

宋慶齡乃國父孫中山先生精於烹飪的賢內助。她年幼時，即在母親的調教下，開始學燒中國菜，其後在美國讀書，學校設有家政一科，她因興趣使然，學得西廚技藝，在中西兼修下，能燒一手好菜。曾令名攝影家侯波女士大開眼界。一九六四年時，她們流連昆明達三十六天，孫夫人每天燒一道菜，不但天天不同，而且色、香、味、形俱佳。其中的「青椒炒鱔絲」一味，調味得宜，鑊氣十足，最令侯波女士難忘，大有「食止」之歎。便問她何以能燒這些佳肴？孫夫人笑謂，先夫在世時甚愛美食，曾指出烹飪是一門學問，值得提倡，並排斥「君子遠庖廚」之說，她為討好先生，所以不時入廚。

王映霞與郁達夫廝守的那段期間，由於郁達夫入息極豐，生性好客，故友儕不請自來，經常成為座上客。

據王映霞的回憶錄說：「因為我家吃得講究，所以魯迅、許廣平、田漢、丁玲、沈從文等人常來吃飯，尤其是姚蓬子（注：「四人幫」之一姚文元的父親），一日三餐都在我們家吃，我們對他們來者不拒，一律歡迎。」

郁達夫精吃能吃，要求菜色經常更換，這可苦了王映霞，每天到各小市場尋求上好食材，再予精心烹調。看來要滿足美食家的胃，沒有兩把刷子是不成的。

梁實秋不但在文壇上享有盛名，並在食林占有一席之地。其夫人程季淑曾學過烹飪，並不斷開發研究，所燒出的家常美味，食家則常為之垂涎。因此，梁小姐戲稱爸爸只是個美食理論家，媽媽才是個入廚好手。

時至今日，社會觀念及生活形態丕變，外食人口激增，「回家吃晚飯」漸成口號，主中饋似成過眼雲煙。事實上，出遠門的遊子最心繫縈懷、念茲在茲的滋味，往往是只此一家、獨一無二之「媽媽的味道」。甚盼在不久的將來，社會風氣轉變，男女雙方不論是由誰來主持中饋，其所燒出來的熱騰騰飯菜，能暖和一家人的身心，進而達到淨化社會及純潔人心的雙重目的。

•「董糖」典故

有回冒襄染病，食慾不振，只思甜品。董小宛於是用核桃仁、松子仁、青梅及去皮的芝麻製糖以進，此糖不太甜，也不黏牙齒，冒襄食之而甘，讚不絕口。不久即在揚州、南通一帶流行，名之為「董糖」，至今仍為兩地名產（注：有「灌香董糖」、「卷酥董糖」、「寸金董糖」等名目），市面有售，是鼎鼎有名的手信之一。

江太史食林稱尊

俗諺云：「生在蘇州，長在杭州，食在廣州，死在柳州。」當年的蘇杭，山明水秀，文物薈萃。蘇州以多出美女而名揚大江南北；杭州以出產綾、羅、綢、緞，譽滿全球，有幸生長於斯，自然多采多姿。柳州因盛產宜製棺材的木料，死於此地，得其所哉！至於「食在廣州」，則因天下食貨，多半聚集廣州，加上廣府人士普遍講究飲食。尤其民國初年，其肴點製作之精美，堪稱天下第一，時為李濟琛、陳濟棠先後主粵政的二十世紀三〇年代。

那時候廣州的「四大酒家」、「十大茶室」，皆以美味馳譽海內外，但它們全唯「太史第」馬首是瞻。「太史第」乃江孔殷的宅第，由於他曾點過翰林，故有江太史之稱呼。

江孔殷字少荃，廣東南海人，相傳他為猴子轉世，因年少時好動，「終日如蝦之

江孔殷的宅第「太史第」為清末民初廣州有名之飲食世家。

跳」，故綽號為「江蝦」，日後別號霞公，蓋霞字與蝦字為諧音也。其父江清泉，以業茶致富，人稱「江百萬」，何況他又兼祧叔父後嗣，承受兩份家財，因而饒於資財，可謂富甲一方。

江太史聰敏過人，「讀書並不很用功，所為文章，開門見山，氣勢如長江大河，滔滔不絕，……吟詩是他的天才」，書法亦甚出色。其八字為乙丑、丁亥、癸未、甲寅，批命者以為此乃刑合格，逢癸水（即遇九）利在科場，故十九歲（癸未年）中秀才，二十九歲（癸巳科）中舉人，三十九歲（癸卯科）中進士，次年入翰林。癸卯大比之年（清光緒二十九年），為清朝最後一科會試，他自然就是末代進士了。同科的高材生尚有譚延闓，亦是個超級美食家。

「以豪邁見稱，為人疏爽不拘小節，樂於助人」，兼且交遊廣闊的廣東在籍翰林、江蘇候補道江孔殷，一生揮金如土。民國肇建以還，向以遜清遺老自居，誓不事二朝，亦謝絕官場，專辦「洋務」（注：取得英美南洋菸草公司南中國總代理），每年進帳逾二十萬銀圓。其得以姬妾成群（注：夫人共有十二位，號稱「十二金釵」），席開不夜（每天下午三時起床，晚上八時「中飯」，晚飯等同消夜，要在凌晨以後），家中私廚有中廚、西廚、點心廚子及齋廚娘等，尚經營占地廣袤、規模宏大的江蘭齋農場，實得力於此。其能在「食在廣州」時代，引領風騷，開創「飲食世家」，絕非偶然。

江孔殷的詩詞、飲饌和文采，在當年的廣州可列首選之列。其風流韻事極多，舉凡西堤的「陳塘」、東堤的「紫洞艇」，都是他經常流連之所。又，其與一班騷客雅士吟詠唱和時，必前往位在南關的「南園酒家」。他並為「南園」撰門聯一副，聯云：「立殘楊柳風前，十里鞭絲，流水是車龍是馬；望斷琉璃格子，三更燈火，美人如玉劍如虹。」

此聯一出，廣州文壇為之譁然，毀譽不一。譽之者認為他在數十字內寫盡花園的旖旎風光，對仗工整，且用「立殘」巧對「望斷」，貼切自然，確屬神來之筆。毀之者則謂引李後主〈憶江南〉一闋的「車如流水馬如龍」，更易為「流水是車龍是馬」，難脫抄襲之嫌。

當時廣州仍行公娼制，東堤一帶河面，集結大量花艇，布置典雅華麗，超越豪門巨室。花艇旁附樓船，其內設有廚房，所治精緻肴饌甚豐，專供遊客召妓陪飲，美景美人美食合一，不讓秦淮專美於前。

而在所有的花艇中，以「澄鮮」最負盛名。江孔殷曾為其撰一聯，造成轟動，其婉約靈秀、細膩絢麗，頗足稱道。聯云：「怕聽曲板當筵，流水大江，別有閒情淘不盡；況對離樽今夜，酒謝炧闌燈，可無細語慰相思。」

此外，「紫洞艇」專辦高檔筵席，酒菜別具一格，吸引眾多文人雅士光顧，在珠江上吟風弄月。該艇的廚師手藝了得，其女亦有兩把刷子。江孔殷知其已獲乃父真傳，遂欣然下聘，此即第三房的布氏。布氏不但精於烹飪，同時善於持家，宅中一應事務，全部由她操辦。

意氣風發的江孔殷，此時還在廣東番禺崗洞蓮潭墟設立江蘭齋農場，大量生產高品質的梅子、橄欖、檀香山木瓜、呂宋菠蘿、夏茅芒（此芒果細小精緻，綠皮上有一紅斑，悅目可愛，果肉十分香甜，即使極為名貴的呂宋芒亦遜色幾分）、橙花蜂蜜、荔枝及荔枝菌等。其中，又以品多質美的荔枝，及品異質優的荔枝菌最值稱述。

農場於每年五月初開始送荔枝進「太史第」，起先是三月紅、接著是黑葉及槐枝。這些俱屬次品，只是報訊序曲。到了仲夏旺季，除異種妃子笑、亞娘鞋外，精品尚有桂味（果肉晶瑩通透、幽香陣陣、清甜爽脆、核小一如紅豆）、糯米糍（甜而多汁，香味特濃，肉質較鬆，晨曦食之，味尤可人）及從增城掛綠老樹折枝接駁結果的極品掛綠等。而類似雞㙡傘菌的荔枝菌，實為菌中珍異。清早採得菌後，立刻運往廣州，抵達已近中午，闔府立刻總動員清刮處理。其緊合未張之雋品，宜放湯，宜快炒，既嫩滑又清甜，全供霞公奉客之用。至於柄高傘張者，便用大火炸香，連炸油一瓶瓶儲存起來。此菌頗香濃，質感特別，軟中帶韌，菌油具幽香，實送粥、下飯、拌麵之無上美味。

喜宴客，兼對飲食異常講究的江孔殷，前後用過三個頂級大廚——盧端、李子華和李才。李才的服務期間最久，從江家盛極一時做起，直到家道破落方被解雇。他們精研出來的菜色，往往別樹一幟，贏得眾口交讚，廣州的各大酒家無不爭相仿效，以致「太史菜」在「食在廣州」的年代，能夠風靡一時。這當中最有口碑者為「太史蛇羹」，迄今仍膾炙人口。

廣東人嗜食蛇肉，尤愛蛇羹。高檔的三蛇羹，係由金腳帶、過樹榕、飯鏟頭（即眼鏡蛇）三種毒蛇製成，據說過樹榕可驅上部風，飯鏟頭可驅中部風，金腳帶可驅下部風，三蛇合成一套，食味療效均佳。然而江太史不僅是美食名家，亦通食療原理。他覺得三蛇驅風仍嫌不足，應再加上三索帶、白花蛇，方可盡收行氣活血，治風濕，通關節之效。而宰殺此五蛇的工作，由欒欄路「聯春堂」的「蛇王」承包。每逢蛇季（從秋風乍起到農曆年底），宰蛇人一過午時，便來到太史第，在廚房外的天階大演身手。等到蛇宰完後，馬上下鍋煮熟，迅速脫骨去肉，以備蛇羹之用。

據江孔殷孫女江獻珠向李才的姪兒李煜林（注：太史蛇羹的唯一真傳）求證：「太史蛇羹」最大的特色是，蛇湯與上湯要分別烹製。蛇湯加入遠年陳皮及竹蔗同熬，湯渣盡棄不要，再調入以火腿、老雞及精肉同製之頂湯作湯底，……刀工亦極為重要，雞絲、吉濱鮑絲、花膠絲、冬筍絲、冬菇絲（注：另有木耳絲及生薑絲）及遠年陳皮絲俱要切得均勻細緻，再加上未經熬湯的水律蛇絲，全匯合在看似清淡而味極香濃的湯底內，加個薄荧便成。其佐料亦一絲不苟。切檸檬葉最顯刀工，「先撕去葉脈，葉便當中分成兩半，捲成一個結實的小筒，切起來才容易，而即切即用，香味更新鮮」。菊花是作料中的主角，「多是自栽的大白菊，另有一種奇菊叫『鶴舞雲霄』，狀似大白菊而白中微透淡紫，是食用菊花中不可多得的精品」。炸薄脆在製作上相當費工，「把麵糰開薄，撒好粉，用棍子捲起來，便把棍子拉出去壓薄麵卷。之後，把麵卷攤開，擀薄，又再撒粉，捲起，壓薄，擀開，直至麵皮夠薄了，便切成欖核形小片，投下油鑊炸脆」，經過這樣反覆的工序，其結果當然是「好吃得很」。

一席太史蛇宴，廚師必須集中全副精神，把筵席做到盡善盡美。當賓客到了，抽大菸的，請入江太史書房（即蘭齋）；不抽菸的，另招呼至「到朝廳」去談天、用茶、吃果點。水果一定是農場產品，茶點則是江家自製的蜜餞、酸菜、酥炸合桃和淮鹽杏仁等。蜜餞以「四季仔」紅心番薯所製者最講究；酸菜有白蘿蔔塊、紅蘿蔔塊、椰菜花、大芥菜心，以糖醋醃透，爽脆醒胃；酥炸桃仁及淮鹽杏仁均逐粒去衣，一甜一鹹，光是用個點心，務必甜酸鹹齊備，使客人各適其適，其精緻考究，與巧為鋪排，竟一至於此。

待賓主坐定後，首先上的四熱葷，全為十分精巧的菜式，其中一定有看家名菜的「雞子鍋炸」，其他則是「炒響螺片」、「炒水魚（即甲魚，純用裙邊）絲」、「太史豆腐」。一用過蛇膽酒、蛇羹後，亦會上炆蛇腩、炒蛇絲、焗禾花雀、蜆鴨燉三蛇、龍虎鬥等名食。押席的大菜為「雙冬（冬菇、冬筍）火腩（即火腿）煨果子貍」，內加陳皮及炸香蒜子避腥。有時大廚會減去冬筍火腩，另添廣肚同炆，這廣肚因沾滿了鮮稠湯汁，味道極為濃郁。

「上過果子貍便是飯菜，有大良積隆鹹蛋、『炒油菜』、『蒸鮮鴨肝腸』及煎得香噴噴的『糟白鹹魚』，上澆些浙醋及砂糖」，飯則用農場特產的泰國種黑穀香米煮成，瓦罉（即鉢）一打開，即香氣四溢，惹人猛垂涎。

慷慨好客，廣結食緣，有請無類的江孔殷，自「太史蛇宴」揚名立萬後，軍政顯要、中外使節、四方商賈、騷人雅士，甚至各路英雄好漢，只要有緣，都可望成為太史第的座上客。到此嘗過蛇宴的嘉賓不少，其可資談助的有以下兩則：

其一為江孔殷請其同年譚延闓吃蛇宴，作陪的有胡漢民、汪精衛。江、譚二人為翰林，胡為舉人，汪年最少只是個秀才。除了東道主外，都是開國的革命元勳。而席間所談的，居然是科舉的好處。胡漢民突喟然而嘆說：「如果科舉不廢，誰還來革命！」舉座歡然道妙，賓主盡歡而散。

其二為一九一七年，國父孫中山南返「護法」，召開非常會議於廣州。江孔殷的三公子叔穎也是議員之一，一次在「太史第」以蛇羹款待同僚，其中有談蛇色變的他省人士。

啖蛇羹時，無一不以為這是精妙絕倫之至味。筵席未終，江太史笑言所食者為蛇羹，食客多反胃。嘔吐狼藉者有之，中有一客人，竟馬上離席去醫院洗胃。搞得主客怏怏而散。從此之後，凡在「太史第」宴客，有蛇羹必事先聲明。

中國人講究禮尚往來。蛇季時的嘉賓，每會相繼酬答。客人亦深知廣州的大酒家，其佳肴尚且要步江家的後塵，想要還這份人情，實非等閒易事，非別出心裁不可。

江孔殷嗜食榴槤。當時只有海運，榴槤從南洋販至香港，再轉運抵廣州，其間頗費周折，故市面上鮮少出售。故諳其習性的，便趁此時機飭專人赴港採購送至江府。

此外，江孔殷特愛的禮雲子（即小蟹蟛蜞之卵，一名蟛蜞春），此貢品因產季甚短，尤其珍貴。每屆春末產季，珠江三角洲一帶相熟稔的故交，必及時大盅大盅送來，其口福之匪淺，由此亦可見一斑了。

不過，「天下無不散的筵席」，即令是富甲廣州的江孔殷，在如此揮霍度日下，終有捉襟見肘之時。自從菸草代理權易手（注：每月只收回一筆甚薄的車馬費）後，盛況已難維持，但江孔殷慷慨好客仍故，眾姬妾只好變賣珠寶應急。等到日寇侵華，舉家避難香港，江郎開始財盡。為了維持家計，堅拒偽職（汪精衛政權欲聘他返穗任官職，給予厚祿）的他，只好鬻字度日。但每收到筆潤，必著侍從亞坤扶他到中環的「大同酒家」飲茶。酒家的經理馮儉生，對江孔殷禮敬有加，時常拒不收費，但他堅持付足，打賞甚為豐厚，不改當年習性。因此，有心的馮儉生每藉故，命其管侍黎福乘計程車，送應時食物至江家。由於距離不遠，因而片時可達。所有點心食品，熱氣尚存，每送必豐。故他在此窮困之際，仍有機會享受美食。只是他的口味已隨年事增長而日趨清淡，呈「食事凋零」狀態，廣州從光復到解放前後，更是如此。

此時江孔殷已是風燭殘年，對飲食已無多大興趣，開始吃素。家人每為其求壽祈福，必共同科款贊助素席費用。治素席者，為其男僕潘全（一介旗人，廚藝甚佳）與廚娘六婆，其菜式雖無珍菌燕窩，但因保持江家粗料細做的風格，頗有可觀之處，致其孫女江獻珠至今仍津津樂道。

領前者為四熱菜。分別是「三寶素會」（鮮菱角、鮮草菇和絲瓜塊同燴，加玻璃芡即成）、「腐皮卷」、「炒大豆芽菜鬆」及「碌結」（似潮菜芋棗，由江家西廚教下來的菜式，用薯茸做皮，包菌粒做餡，滾麵包粉炸脆）。江孔殷最愛吃者為腐皮卷，但有時會變換成「脆皮豆腐」，蘸酸甜芡吃。

其他的大菜有「炒齋桂花翅」（即銀芽炒生腐竹）、「鼎湖上素」、「紅燒麵筋球」等。湯羹的變化甚多，江孔殷平日喜食菜茸（以莧菜為之，頗類「護國菜」，青翠細嫩，滑不留口），冬瓜亦可作茸，用匙刮出瓜肉，像煞白玉。如不用來製羹，則用整大塊蓋住鮮菇、鮮蓮、冬菇、雲耳、榆耳、竹筍等料，澆素上湯再撒夜香花，成為費工味繁的「白玉藏珍」。

接著是素炒飯，菜薳拌麵及可口異常的「南棗核桃糊」。而在席終之際，潘全必弄一味「玫瑰鍋炸」應景。

鍋炸一向是江孔殷的最愛，太史蛇宴用的是「雞子鍋炸」，素席則是玫瑰（用粟粉、蛋黃、牛奶、玫瑰糖同煮，可替以桂花糖）鍋炸，此一鹹一甜，象徵江家飲食的盛極而衰。即使作料因窮而變，但烹調手法仍有大家氣派，絕不馬虎偷工。

文革三反五反之時，江孔殷因係地主，難逃被捕鬥臭厄運。他自知不能免，瞑目不作答，或答非所問，終以絕食而死。一代食家殞落，時為八十六歲。

江太史的子孫輩中，最廣為世人所知者為才華卓絕的十三子江譽鏐及排行十三孫的烹飪名家江獻珠。

江譽鏐少耽樂府，劇作有聲，別名江楓，藝名南海十三郎，是三十年代馳名省港的超級編劇，其為紅伶薛覺先編寫的《心聲淚影》一劇，名噪嶺南，粵劇稱尊。其代表作尚有《女兒香》、《梁紅玉》、《燕歸人未歸》、《梨香院》和《李香君》等多齣。其命運甚奇，生平事蹟曾拍成話劇及電影，名《南海十三郎》。主角謝君豪因扮演傑出，榮獲第三十四屆台灣電影金馬獎的最佳男主角獎，編劇杜國威亦獲最佳編劇獎。

江獻珠曾在美國加州聖荷西大學營養系講授「中國飲膳計畫」，長期撰寫專欄並先後出版英文《漢饌》及《微波爐烹飪大全》、《中國點心製作圖解》、《蘭齋舊事與南海十三郎》等。而其與乃師香江第一食評家特級校對陳夢因先生合作出版的《傳統粵菜精華錄》及《古法粵菜新譜》，圖文並茂，演繹傳神，堪稱古今中外兼具食用與知性的第一食譜，功在食林至鉅。

看來飲食世家已後繼有人，只不知一生精研飲食，經歷大風大浪的江太史，地下有知後，是否會含笑九泉？

•「太公豬肉」典故與作法

江孔殷抽鴉片時，友人因鰽魚子有清煙油的功用，遂千方百計自浙省覓來致贈。有一福建老友，不時送來廈門的天頂抽油及上好肉絲。天頂抽油乃醬油中之極品，用來撈麵及蘸煲湯之豬肉，據說「鮮味無窮」。另一調料為產自安南、盛於瓦盅內的碌霖（即頂級魚露），以此炮製出的「太公豬肉」，誠下飯的絕妙佳品。

所謂太公豬肉，每年祭祖後，祠堂例必分派此一大鑊涤（即氽燙）熟，切成小塊，以粗鹽醃好放入有耳瓦茶煲內的豬肉。由於「太史第」的功名、人丁均盛，以致分派來的肉堆積如山。若先行把鹽洗淨，沖入將頂級魚露及冰糖加水同煮的澆汁，浸泡一晝夜後，肥的自然變脆，瘦的更加鮮爽，取此佐飯，妙不可言。

食界無口不誇譚

俗話說：「富貴三代，才懂吃喝。」若論其中的佼佼者，中國近百年以來，當非「譚家菜」莫屬。

譚家菜出自清末官宦世家譚宗浚府中。譚宗浚，字叔裕，廣東南海人，其父為官至大學士的譚瑩。據《清史稿》的記載，宗浚自幼聰穎過人，能詩善文。譚瑩督課甚嚴，命他在家閉戶苦讀十年後，才許出仕。同治十三年，宗浚以二十七之齡，高中榜眼，先在翰林院任編修，曾督學四川，後又充江南副考官，他與父親一樣，均好詩賦。因此，詩話上說：「叔裕才學淹博，名滿都下，自編其詩為八集。大抵少作以華瞻勝，壯歲以蒼秀勝，入滇以後諸詩，雖不免遷謫之感，而警鍊盤硬，氣韻益古。」其傳世詩作名《荔村草堂詩鈔》。

宗浚不僅善詩，尤精飲饌。自入翰林院供職後，酷愛珍饈的他，開始一展長才。當時京城飲宴蔚成風氣，京官每月有一半以上的時間，花在相互酬酢宴請上。每次輪到宗浚做東時，因他善安排、精調味，能將家鄉的粵菜與京菜巧妙融合，鮮美可口，風格獨具，故贏得「榜眼菜」之美譽。

這位遍嘗各地佳肴，特嗜山珍海味的榜眼郎，仕途並不得意。他個性亢直，不容於當道，後出仕雲南糧儲道。由於不樂外放，曾上表請辭，無奈朝廷不允。不數年，再授按察使，鬱鬱不得志，遂引疾南歸，病死於途中。一直追隨他赴任各地的第三子譚祖任未返故里發展，反而定居北京，希冀重振家門。

譚祖任號瑑青（一作篆青），於光緒末年拔貢，並在宣統年間，擔任郵傳部員外郎。民國成立以後，曾任議員，後又任財政部、交通部、平綏鐵路局、教育總署、內務總署、實業總署的秘書、專門委員。一生宦途安穩，幹的又是筆墨差使，有錢有閒。加上其天分極高，「不但古文駢文都能，詩詞更是風骨放蕩，清勁冷豔。同時精於賞鑑，庋藏的字畫也頗有幾件精品」，因而常與高明雅友詩書往來，賞花飲酒，並刻有《聊園詞》行世。

晚清一般官宦人家，多半熱中廣置田產，唯獨宗浚、祖任父子醉心於飲食之道，並不惜重金禮聘各方名廚，藉以滿足口腹之慾。自幼生長京城的瑑青，對飲食之講究，更甚乃父。少年即廣蒐經典食譜，等到譚宗浚到江南、四川、雲南等地充任外官時，隨往的他，更利用機會，對各地名肴多有涉獵，博覓各幫之長。因而「朵頤福厚，在飲饌方面，……竊搜冥想，由約而博，由細而精」，成為舉世知名的大吃家，其影響之大，迄今仍不衰。

性喜交遊的譚瑑青，於家道中落後，仍不改嗜吃本色。起先變賣珠寶，接著變賣房產（注：將辟才胡同巨宅賣掉，改向廣東會館租屋租住），一再籌款舉宴。等到坐吃山空，局面無法維持，於是突發奇想，悄悄承辦宴席，名為「家廚別宴」。既能貼補家用，又可盛宴常開，飽飫珍饈美饌。時值曹錕賄選，登上總統寶座，那些受賄的「豬仔議員」，整天花天酒地，講求割烹之道，徵逐飲食之間。深得「調羹之妙」的「譚家菜」，遂因緣際會，馳譽公卿間，並名滿京華。

譚瑑青自恃身分，堅持不掛牌營業，每次僅承辦三桌，熟客四十元（注：銀圓）起跳，生客非百元莫辦。最早三天前預約，後來因名聲太大，慕名而來的仕紳，不惜花費重金訂席。根據鄧雲鄉《四十年來之北京》上的記載：「耳食之徒，震於其代價之高貴，覺得能以譚家菜請客是一種光寵。弄到後來，簡直不但無『虛夕』，並且無『虛晝』，訂座往往要排到一個月以後，還不嫌太遲。」盛況若此，可見一斑。正因為如此，民國初年，在北京已成名的三家私家菜（注：軍界「段家菜」、銀行界「任家菜」和財政界的「王家菜」），一碰到「譚家菜」，無不望風披靡，紛紛偃旗息鼓，讓「譚家菜」自個兒獨領風騷，傳遍遐邇。而那「戲界無腔不學譚（指譚鑫培），食界無口不誇譚」及「譚家菜，周家酒（周指北京「金城銀行」總經理周作民），吃過了，不肯走」等順口溜，從此不脛而走，叫得震天價響。

當時，有位名郭家聲的文人，曾在報上發表一首〈譚饌歌〉，歌云：「瑑翁饗我以嘉饌，要我更作譚饌歌。瑑饌聲或一扭轉，《爾雅》不熟奈食何。……」起首數句即拈明本旨，並戲稱譚瑑青為「譚饌精」。

這位名副其實的譚饌精，其實是個遠庖廚的君子，真正上灶者，為三位廣府人士稱為「阿姨」的如夫人及幾位家廚。譚瑑青早於清宣統年間，自廣東攜來的兩房姨太太，全是烹飪高手。她們又從原家中名廚陶金榜（注：人稱陶三）處，暗中習得驚人藝業，灶上功夫非凡。自一九一九年兩人相繼病逝後，獨撐譚家菜門面的，一直是三姨太趙荔鳳。趙荔鳳初進京時，年方二十一，雖識字無多，卻聰穎端麗，能融會貫通，到譚家沒幾久，即掌握其精髓，能燒一手好菜。在她主中饋的那段期間，不單自己上灶，而且親自採買。每日晨曦時分，即乘包來的車，搜求各方時鮮。此外，譚府所用的鮑魚，全是從廣州整批選購來的，不以個大為貴，凡過大或過小的，一律剔除不用。另做「白切雞」時，其所用的油雞（注：當年雞無土、洋之分，須腿上有毛的油雞，才能肉嫩湯鮮），必自行飼養，用特別餵料，聽說有時還要餵酒糟，餵昆蟲，須養到十六個月到十八個月大時，才算適齡。其食材之考究，恐怕一時無兩。

譚府辦宴的所在，為一間客廳及三間雅室。家具只用花梨、紫檀，古色古香；所用器皿，均為上好古瓷；四壁則是名人字畫，並以古玩、盆景點綴。端的是室雅花香，器精且潔。而在此處宴客，有個不成文規矩，不管由誰做東，不論識與不識，都得給主人一份請柬，留一席之地，備一份盤盞，主人只能約請八位來賓。如果賓主均非俗客，「他也欣然陪坐，等到酒酣耳熱，逸興遄飛，遇到談得來的雅客，他會把窖藏的羊城（指廣州，其實為九江）雙蒸供客品嘗，或是醉飽之餘，用精美的茶具捧出大紅袍、鐵觀音之類茗茶款客，烹煎翠影，沁人心脾，大家連啜怡然，算是這一餐的額外收穫」（以上見唐魯孫的《天下味》）；若據鄧雲鄉的說法，「如果座中熟人（指收藏家藏園老人，醫界習園老人，畫家白石老人以及好詩賦的綴玉軒主、浣花居士等）多，大家杯盤狼藉之餘、酒酣耳熱之際，各出所攜，或一部宋元槧本（即木刻本），或一卷唐、祝（指唐寅及祝允明）妙墨，互相觀賞，互相鑒定，這就不只是口腹之慾，而是充滿交融學問和藝術的文化氣氛了」。似此心知肚明、心口合一的盛會，而今不復存在，讓人稱羨不置。

大抵而言，譚家菜形成初期，純為家庭式菜肴，亦是官府菜的瑰寶。等到譚家敗落，饕餮成性的譚瑑青，為了兼顧家計及口福，終於走出一條自己的路，在刻意求工、珍錯悉出下，終成食林奇葩，進而享譽中外，頗富傳奇色彩，值得大書特書。

趙荔鳳的苦心孤詣，努力不輟，是譚家菜另闢蹊徑、獨樹一幟的重要關鍵。後人總括譚家菜的烹飪經驗，提出譚家菜的特點有四，分別是——一、甜鹹適口，南北均宜。中國烹飪界向有南甜北鹹之說，譚家菜在烹調的過程中，常糖、鹽各半，以甜提鮮，用鹹吊香，故其菜肴口味適中，鮮美可口。不論南人、北人，吃過之後，無不愛煞；二、講究原汁原味，絕少辛香調料。烹製「譚家菜」時，幾乎不用花椒等香料熗鍋，亦少在成菜上，撒放胡椒粉之類的調料，其用心處，在吃雞就要有雞味，吃魚絕對要嘗魚鮮，斷不能以其他異味、怪味干擾菜肴的本味。而在燜菜時，不許續湯或兌汁，務必保持原汁。三、選料極精，加工特細。尤其對山珍海味類的食材，精益求精，簡直吹毛求疵。比方說，熊掌必選左前掌（注：此掌採蜂蜜，時以唾液滋潤），魚翅只用呂宋黃，乾鮑純揀珍貴異常的紫鮑等。四、火候足，下料狠，菜肴軟爛，易於消化。「譚家菜」講究慢火細做，最常使用的燒法為㸆、燴、燜、蒸、扒、煎、烤以及羹湯等，罕見急火速成的爆炒類菜肴。所謂下料狠，指吊湯時捨得多下料。所以「譚家菜」的清湯，必用整雞、整鴨、豬肘子、干貝、金華火腿等熬製而成，達到「百鮮都在一口湯」的最高境界。

趙荔鳳主持時，譚家菜共有百來種佳肴，尤以擅燒海味馳名世界。而在眾多的海味菜中，又以魚翅和燕窩的料理最為世所稱。如魚翅系列的佳肴，即有十九種之多，其較著者，有「三絲魚翅」、「蟹黃魚翅」、「砂鍋魚翅」、「清燉魚翅」、「海燴魚翅」、「黃燜魚翅」等。後者更是上乘傑作。取呂宋黃整翅為主料，整雞、整鴨、干貝、金華火腿為輔料，煨好上湯後，輔料棄而不用，再以此湯用文火連燜魚翅六小時後，淋入原汁始成，以軟爛味厚、金黃透亮、汁濃糯滑、濃鮮不膩而獨步食壇。另，燕窩潔白、質地軟滑、湯色淺黃、清澈見底的「清湯燕菜」，亦在食林稱尊。事實上，這兩道極品，堪稱譚家菜中的雙璧，亦是其最高檔的「燕翅席」裡的頭兩道大菜。

此外，「譚家菜」對於各種素菜、甜菜、冷菜，以及各類點心的作法亦獨具特色。如軟嫩滑潤、湯鮮味美的「蠔油鮑魚」，形象生動、明油亮芡的「柴把鴨子」，造型新穎、甜鹹適口的「羅漢大蝦」，五彩繽紛、清淡爽鮮的「銀耳素燴」、鹹中透甜、雞鮮菇嫩的「草菇蒸雞」和軟爛糯滑、醇鮮味厚的「扒大烏參」等，都以風味獨特而名噪一時。「麻茸包」和「酥盒子」應是「譚家菜」點心中的佼佼者，被眾多吃家譽為各色甜、鹹點中的兩絕。前者色白皮軟、香鹹可口、入嘴即化；後者則肉餡鮮美，酥皮鬆脆，令人百吃不厭。

譚瑑青在世時，品嘗其燕翅席是有一定規矩的，據振興譚家菜的名廚彭長海回憶——

客人進門，先在客廳小坐，上茶水和乾果。待人到齊後，步入餐室，圍桌坐定，一桌十人。先上六個酒菜，如「叉燒肉」、「蒜蓉干貝」、「五香魚」、「軟炸雞」、「烤香腸」等，這些酒菜，一般都是熱上，上好的紹興黃酒也燙得熱熱端上桌，供客人們交杯換盞。

酒喝到二成，上頭道大菜「黃燜魚翅」。這道菜……。吃罷後，口中餘味悠長。

第二道大菜為「清湯燕菜」。在上「清湯燕菜」前，給每位客人一小杯溫水，請他漱口。因為這道菜鮮美醇釅，非淨口後，則不能更好地體會其妙處。

接著上來的是鮑魚，或紅燒，或蠔油，湯鮮味美，妙不可言。但盤中的原汁湯漿僅夠每人一匙之飲，食者每以少為憾。這道菜亦可用熊掌代之。

第四道菜為「扒大烏參」，一隻參便有尺許長，三斤重，軟爛糯滑，汁濃味厚，鮮美適口。第五道菜上雞，如「草菇蒸雞」之類。第六道上素菜，如「銀耳素燴」、「蝦子茭白」、「三鮮猴頭」一類。第七道上魚，如「清蒸鱖魚」。第八道上鴨子，如「黃酒燜鴨」、「干貝酥鴨」、「葵花鴨」、「柴把鴨子」等。第九道菜上湯，如「清湯哈士蟆」、「銀耳湯」、「珍珠湯」等。所謂「珍珠湯」，是用剛剛吐穗，二寸來長的玉米筍製成的湯。

最後一道為甜菜，如「杏仁茶」、「核桃酪」一類，隨上「麻茸包」、「酥盒子」兩樣甜鹹點心。至此，燕翅席告結束。上熱手巾後，眾起座，到客廳，又上四乾果、四鮮果，一人一盅雲南普洱茶或安溪鐵觀音茶。茶香馥郁，醇厚爽口，飯後回甘留香。

由於這席舉世無雙的好菜，實在太精采了。於是「曾有人吃了『譚家菜』燕翅席後，發出『人類飲食文明，到此為一頂峰』的讚歎。還有人曾借這樣一句古話，來形容吃罷『譚家菜』燕翅席後的心情：『觀止矣，雖有他樂，不敢請矣。』」另，譚瑑青的耿介，並不遜於其父。譚家菜另有一項堅持，就是想吃譚家菜，不入譚府內，絕對吃不到。即使是當朝權貴，照樣不買帳，要外燴休想。據說汪精衛擔任行政院長時，有次進北京宴請名流，為了慎重起見，親自致電譚瑑青，請他破例出一次外燴。譚瑑青一口回絕，汪精衛吃閉門羹後，說盡了好話歹話，譚才勉強答應外送「紅燒鯊翅」、「蠔油鮑魚」這兩道菜應景。而其先決條件，仍是得在譚家事先做好，再派家廚送去會場。至於外燴一事，譚瑑青終其一生，從未答應過，其「硬頸」竟至此。

「人無千日好，花無百日紅。」即使名揚四海、生意鼎盛，總有曲終人散、煙消雲散之時。一九四三年，口福無限的譚瑑青死於高血壓；三年後，趙荔鳳亦因患乳腺癌病逝。從此「門前冷落車馬稀」，由其三小姐譚令柔勉強維持。一九四九年江山易幟，專在譚府烹製譚家菜的三位主廚（即負責紅案的彭長海、白案的吳秀金及冷菜的崔明和），選在果子巷另起爐灶，繼續經營「譚家菜」。無奈時移勢易，有錢豪客不再，自一九五四年遷入位於西單的國營飯店「恩承居」後，即難以為繼，生意大不如前。此事為總理周恩來所悉，認為「譚家菜」極有保留價值，乃協助他們在一九五八年搬入「北京酒店」營業，延續譚家菜的香火。

譚家菜的中興人物為十六歲即赴譚家，充任趙荔鳳的下手，由打雜到幫案，最後卓然成家的彭長海。在其長達五十餘年的烹飪生涯中，曾應邀出國獻藝兩次，調教五十餘名徒弟，並與吃家刑渤濤合作，編寫出版《北京譚家菜》一書，功在食林。他的傳世弟子中，又以陳玉亮最能光耀門楣，並將「譚家菜」擴大規模，進一步發揚光大。

陳玉亮為北京市特一級烹調技師，他除了能獨力製作「譚家菜」最頂尖的「燕翅席」外，並與乃師彭長海合作研發新菜，菜色擴充至二百餘種，使其不斷發展完善，從獨樹一幟到自成一派。他自行創新的名菜，如「罐燜鹿肉」、「汽鍋圓魚」（即甲魚）、「龍舟活魚」、「炸飛龍腿」、「乾燒海參」等，均能傳承既往，而且不失本色。另在他擔任北京飯店譚家菜總廚師長的那段期間，曾多次出國表演烹飪技藝，並在一九八二年，於第五十二屆法國第戎國際美食博覽會上，獲頒獎章、獎狀。隔年更上層樓，在「全」國烹飪名師技術表演鑒定會上，榮獲全國最佳廚師封號，名至而實歸。他前後共培養十幾位高徒，內有特級廚師一名，誠為「譚家菜」的後起之秀。

東莞倫哲如的《辛亥以來藏書紀事詩》中，對譚家三代的評價為：「玉生儷體荔村詩，最後譚三擅小詞。家有贏金懶收拾，但付食譜在京師。」意即譚氏三代的成就，祖父譚瑩善寫駢體文，兒子譚宗浚擅長作詩，孫子譚祖任（即瑑青）工於作詞。只是瑑青不善理財，卻在京師以吃揚名。言簡意賅，可謂定評。

譚延闓及譚廚們

民間有句俗諺：「四川人不怕辣，江西人辣不怕，湖南人怕不辣。」這句話所描述的，正是吃辣境界的三部曲，很能拈出川、贛、湖三地食辣的宗旨。於是「沒有辣椒吃不下飯」的湖南人，號稱「沒有辣椒不算菜，一辣勝佳肴」，最後博得「湖南人吃辣，中國第一」的封號。

儘管「湖南人實在愛辣椒」，但湖南菜最高規格的「譚廚」，卻很少用辣椒。究其實，誠與「譚廚」的開山祖師譚鍾麟，曾擔任過兩廣總督有關。

譚鍾麟字文卿，湖南茶陵人，清咸豐六年進士，歷任陝甘、閩浙、兩廣總督。譚延闓乃其第三子，人稱「譚三爺」。初名寶璐，字祖安，一字組盦；號畏三，亦號元畏、非菴，後易今名，人稱畏公。幼隨父宦遊杭州、蘭州、北京、福州、廣州等地，年二十一，始定居長沙。其間數度返湘應試。光緒三十年，中甲辰科會元，殿試得二甲，賜進士出身。朝考則一等第一，例授翰林院庶吉士，但他即行南歸，主持「明德學堂」。學堂教習黃興密謀革命，案發之後，經他庇護，始得脫身。他後來被選為諮議局議長，等到武昌起義時，公推為湖南都督，出師援鄂，時年僅三十二歲。對一位曾在清末高第，卻未實受一官，亦未參加同盟組織，只因同情革命，居然身膺重任的他而言，命運之奇，世罕其匹。

自辛亥革命以來，譚曾三次督湘，又隨國父孫中山任廣州大元帥府秘書長、討賊軍總司令、湘軍總司令、兩次出任國民政府主席，北伐成功後的訓政時期，獲選為行政院院長，官運亨通，左右逢源。民國十九年九月，以腦溢血猝逝南京，享年五十二歲。國民政府明令褒揚，「德量醇深，謨猷宏遠」，並國葬於鍾山靈谷寺八功德水前。

譚延闓的書法精妙，一生致力臨顏真卿的〈大字麻姑山仙壇記〉碑，字字形象畢肖，鋒藏力透，氣格雄強，具一筆千里之勢，結構嚴正精卓，絕無館閣體烏、光、方、熟之弊。據說他年少時，即得兩代帝師翁同龢的賞識，曾致函譚鍾麟，稱：「三令郎，偉器也！筆力殆可扛鼎。」至於其學書經歷，馬宗霍先生有言：「祖安早歲仿劉石庵（即劉墉，其書貌豐骨勁、味厚神藏，集清代帖學之大成），中年專攻錢南園（即錢灃，其書筆性峻拔，學顏卓然成家，自宋人蔡襄以來，一人而已）、翁松禪（即翁同龢，書學顏真卿，老蒼之至，無一稚筆，同光年間，天下第一）兩家，晚歲參米南宮（即宋人米芾，初學顏真卿，後自成一家，為海內所宗），骨肉雄厚，可謂健筆。」正因為如此，于右任每論時人書法，常說：「譚祖安是有真本領的。」其書跡最為人所豔稱者，乃南京中山陵內，「中華民國十八年六月中國國民黨葬總理孫先生於此」之碑及其饗堂四壁手書的《建國大綱》，筆力遒勁，體態端嚴，得顏本色。

譚延闓溫恭謙讓，循禮守法，性格和平中正。不過，有些尖酸人非之，說他：「寫一手嚴嵩（注：明世宗時權奸，善為大字，宮中之楹聯、匾額，多出其手）之字，做一輩馮道（注：五代時人，歷事四姓十君，為相二十餘年，自號「長樂老」）之官。」這對一生屢赴國難、臨池不輟、講究甘旨美食的長者而言，實惡意中傷，有欠公允。

所謂湘菜，即湖南菜，被歸納為中國十六大菜系之一，其顯著特色，乃偏重辣味。一般而言，它是由湘江流域、洞庭湖區和湘西山區這三種地方風味菜所組成的，尤以湘江流域的長沙、衡陽、湘潭為其主要代表。其特點為：油重色濃，講究實惠，在口味上，鮮、香、軟、嫩、酸、辣兼備，實以辣為主，並長於燉、煨，臘製品尤妙，譽滿全中國。其名菜如「臘味合蒸」、「東安雞」、「麻辣子雞」、「清燉牛肉」、「紅煨魚翅」、「紅煨甲魚裙爪」等，皆膾炙人口。

據已故美食大家唐魯孫先生的回憶：「湖南菜應當以長沙菜作代表，著名的飯館有『醉白樓』、『奇珍閣』、『玉樓東』、『健樂園』、『徐長興』、『馬上侯』、『薇

譚延闓好吃、精吃更甚其父。

盧』、『曲園』，另外『帥玉』、『劉洪』、『彭廚』、『柳廚』，也都是個中翹楚。」此外，長沙尚有幾位知名的老饕，凡是他們大宴小酌所開的菜單，酒肆飯館全視同瑰寶，予以抄存。其中的劉一平擅長點菜，「一桌酒席他能配得濃淡適宜，葷素並陳、時鮮悉備，令人爽口充腸，絕不厭膩」，時人目之為「劉單」；另，聞人蕭石朋則於三五人小聚時，「點幾個菜，那真是清鮮適口，而且價錢廉宜」，大家稱之為「蕭單」。以致長沙吃客的行話是「大宴遵劉」、「小酌從蕭」，對之推崇傾倒備至。然而，劉蕭輩固一時俊傑，但比起超凡入聖的譚延闓來，仍屬小巫者流。

原來譚鍾麟官拜兩廣總督時，其廚房內所用的廚役皆為粵人（注：大半來自潮州）。粵菜講究清、鮮，與傳統重味、厚汁的湘菜大相逕庭。雅好食藝的譚老在乞休回籍後，乃將粵菜與原本的湘菜結合，調和鼎鼐，孕育宏深，著重「滾、爛、燙」三字訣，使湘菜有了新面目。

譚延闓好吃、精吃，尤甚乃父。李六如的長篇小說《六十年的變遷》，即對他「食不厭精」的饕餮生涯，作過精采的描述。據說此公在行軍作戰時，也有好幾擔酒菜擔子緊跟其後，且有兩名專燒海味和湖南菜的廚師，須臾不離左右，隨時聽候吩咐。有一次，在廣東南雄吃了敗仗，他來到餐桌前，看到參翅鮑肚，就發一頓脾氣，居然一反常態，要吃幾樣「土菜」。廚師立刻用南雄特產的香菇（注：俗稱南菇），做了一盆「清蒸鴨掌燉南菇」應急，待飽餐一頓後，終於消了火氣，部署兵力再戰。描述十分生動，是否真的可信，尚待日後查證。不過，日後他患高血壓，右手常感覺麻痹，須每天進行溫水浴和電療各一次。他曾風趣地對朋友們說：「我一生好吃，現在自身每天被清蒸一次、燒烤一次，大概是貪嘴的報應吧！」事實上，亦應是如此。

通曉食道的譚延闓，在另闢蹊徑後，自然造就出一些技藝高超的大師傅，其中的佼佼者，為江蘇籍的譚奚庭及湖南籍的曹敬（一作藎）臣，均一時之選，罕能出其右，皆號稱「譚廚」。

譚奚庭原為揚州某鹽商家廚。自清代迄民初，鹽商富甲一方，無不精研美食，其所聘之家廚，全是千挑萬選，個個身負絕技。該鹽商以吃名，飲饌之精，堪甲江左。等他老兄過世，譚奚庭不甘埋沒，轉而投效譚延闓，獲其賞識及重金禮聘。

一九二〇年，譚奚庭辭廚，轉往「玉樓春」（注：光緒三十年，開設於長沙市青石橋），該餐館得此一大廚，乃易名為「玉樓東」，專門供應「奚菜奚點」。翰林書法家曾廣鈞食罷，讚不絕口，賦詩云：「麻辣子雞湯泡肚，令人常憶玉樓東。」傳為食林佳話。

曹敬臣一作曹藎臣，實為食林奇葩，他行四，人稱曹四，先任大吃家湖南布政使莊賡年的廚師，與宋善齋、柳三和、蕭麓松齊名，合稱「長沙四大名廚」，後追隨祖庵先生多年，得其親自指點，烹調治饌日新又新，並摸得透譚的飲食習慣與口味。當時南京流行說：「若要邀請譚院長，需先邀請曹廚師。」又，譚在宴客前，曹先策畫籌備，積極張羅食材，力求口味地道與花樣翻新，因而得到譚及眾多社會名流的讚許，於是湘菜中別樹一幟，格調高雅的「祖庵菜」成形，其盛名足與北京譚篆青的「譚家菜」、成都黃敬臨的「姑姑筵」、廣州江孔殷的「太史蛇宴」並稱，各甲一方，堪稱四大天王。得食者，莫不視為無上榮譽與頂級珍味。

譚是吃魚翅專家，曹敬臣當然是個燒魚翅的大行家，其作法像「以嶺南焗燜為經，淮揚煨燉為緯，再摻揉譚氏兩代熟爛為上，助味無雜的無上心法」。因而其拿手的「紅燜大裙翅」（注：今稱「祖庵魚翅」或「畏公魚翅」），除在深秋宴客改用「蟹粉魚翅」外，例為其筵席八大菜之首。當此一「魚翅端上桌來，只見針長唇厚，滿滿一盤魚翅，……等魚翅入口，那真是味厚汁濃，稱得上甘肥膏腴、濃郁淋漓，唇舌膠結」。以致「座上賓客，無不交相讚譽，誇為神品」，自然也就不在話下了。

「糖心鯉魚」乃曹敬臣的絕活之一。此鯉魚一定要用土種的大鯉魚，「去頭尾，整塊用文火煨燉，因為魚肉未用刀劃，不經鐵器」，一旦「火工到家」魚肉濃郁軟嫩，狀如羊脂滑潤。能把這種鯉魚肉煨成糖心的高手，當世除了曹四外，不作第二人想。

又，曹四的菜以熟爛黏稱拿手，其原因不外譚延闓中年以後，牙口不佳，故「祖庵菜」多以文火煨焗而成。十餘年前，大陸偶然發現其食單，寫在當時長沙「合生祥南貨土產號」所用的十行紙箋上，總共記錄了祖庵菜的用料，與其製法共二百餘種。後來又發現畏公宴客用的「乳豬魚翅席」菜單，由此可窺見「譚廚」精妙絕倫之一斑：

四冷碟：「雲威火腿」、「油酥銀杏」、「軟酥鯽魚」、「口蘑素絲」。

四熱葷：「糖心鮑脯」、「番茄蝦仁」、「金錢雞餅」、「雞油冬菇」。

八大菜：「祖庵魚翅」、「羔湯鹿筋」、「麻仁鴿蛋」、「鴨淋粉鬆」、「清蒸鯽魚」、「祖庵豆腐」、「冰糖山藥」、「雞片芥藍湯」。

席面菜：「叉烤乳豬」（雙麻餅、荷葉夾隨上）。

四隨菜：「辣椒金鉤肉丁」、「燒菜心」、「醋溜紅菜薹」、「蝦仁蒸蛋」。

席中上點心「鴛鴦酥盒」；席尾上水果四色。

譚延闓仙去後，曹敬臣由南京回到長沙，在坡子橫街開設了「健樂園」，繼續其刀火生涯。這段期間，他訓練了一個好幫手，此即日後在台灣廚界揚名立萬的彭長貴。

彭長貴曾回憶他在「健樂園」當學徒的那段難忘生活體驗，說：「每天破曉起床後，除了烹調基本要領的學習，還要面對一連串不止息的打掃、擦洗、挑重等等。」由於學習認真，加上過人毅力，短短的三年間，廚藝漸臻純熟，整天緊隨曹四，成為得力助手，經其一再點撥，終於得其真傳。

民國三十九年，時值而立之年的彭長貴告別軍旅，重回廚行，並在台北成都路開了生平第一家餐館——「玉樓東」。並於四十三年時，先後開了兩家「彭園餐廳」。這時期，湘菜在台北漸成氣候，陸續開設了「健樂園」、「天長樓」、「曲園」、「金玉滿堂」、「天然臺」、「桃源小館」、「嶽雲樓」等餐館，食客如雲，蔚為一時之盛。

「彭園」一開始在經營上並不很成功，破產之後，彭長貴還一度淪為階下囚。自其在中央銀行福利餐廳司廚後，事業次第開展，有如萬馬奔騰，「彭園湘菜館」再度躍上食林，成為璀璨巨星，不但分店廣設，甚至遠渡重洋，在紐約市第五十二街上及華盛頓出現分身，在當時台灣湘菜界，坐穩第一把交椅，同時宗枝別傳，像「榮華堂」、「新愛群」等，即是其分支弟子所開設的餐廳，現更將觸角伸入大陸，在太平洋的兩端開花結果。

沒有兩把刷子，彭長貴豈能雄踞「台灣第一名廚」的寶座。目前店內的招牌菜，如「紅燜排翅」、「紅燒魚唇」、「竹節雞盅」、「哈密鴿盅」、「紅煨羊掌」、「烤素方」、「富貴火腿」、「彭家豆腐」、「泡龍筋」、「干貝無黃蛋」、「畏公整豆腐」、

「子薑鴨脯」、「上湯魚生」、「龍鳳配」、「生煎蝦排」、「左公牛球」、「四色湘素」等，除有乃師曹敬臣及譚奚庭的傳承及影子外，多半由其研發或著手改進。其中的「紅燒魚唇」、「竹節雞盅」、「哈密鴿盅」、「彭家豆腐」這幾道，或有心發揚，或無心插柳，現皆家喻戶曉，早已馳名遠近。

話說台灣早年物資缺乏，魚翅難得。彭長貴有回一時興起，向魚販要來廢棄不用的沙魚頭，經換水泡浸及不斷燒煮後，始除沙去腥。然後取其唇，加辣椒、蔥末、薑絲、酒、鹽、醬油等調味紅燒，此即現今的新派湘菜——紅燒魚唇，其綿糯膠結，食之餘味不盡。

據說民國十幾年時，小四行（注：大陸、鹽業、金城、中南四銀行合稱之謂）在上海開會，大陸銀行的譚丹崖、金城銀行的周作民、鹽業銀行的岳乾齋都來到上海。身為東道主中南銀行的胡筆江自然要酬酢一番，以盡地主之誼。譚周岳三人，均精嫻飲食，人稱「美食三劍客」，胡筆江豈敢怠慢，特央曹敬臣整治一桌上饌，藉以支撐場面。

此席有「紅燜魚翅」、「糖心鯉魚」、「燉鹿筋」、「畏公豆腐」等名菜，固無庸贅述，其終結者，乃曹四精心製作的「竹節雞盅」。其所用竹節悉用新竹，「取其竹茹清香，每節只有幾粒雞丁，三五片竹蓀，湯則澄明瑩澈」，眾人醉飽之餘，不但卻膩，而且醒酒，公推為席上逸品。彭長貴之法，異於乃師，後將雞去骨剁碎，加二成肥膘豬肉、半成荸薺（均剁碎），以干貝提鮮，再調些胡椒、鹽等作料，盛在竹筒裡隔水蒸，清香甜美，另有別趣。

又，其時哈密瓜大行其道，彭長貴觸類旁通，用哈密瓜去瓤、雕花，替代竹節，名哈密瓜盅。為了提升檔次，乃用乳鴿代雞，滋味益美，鮮甜討好，遂成「彭園」的看家菜之一。

彭長貴晚年極少下廚，將其全副心力與時間，放在試驗新食材、開發新菜肴和配菜單上。偶爾也會到廚房指點後進或試味。他曾自嘲地說：「經驗的累積，使我的嘴成了『品管口』，現在我已有相當自信，任何菜只要我這關通過，顧客一定會喜歡。」然而，已近九十歲的他，早就袖手不事廚啦！

基本上，「譚廚」的菜，是淮揚菜的底子，嶺南菜的手法，與其說它是湖南菜，倒不如說成是集中國菜之精英。難怪其珍錯必備的「乳豬魚翅席」中，只有「辣椒金鉤肉丁」一味，有放了些辣椒，聊備一格而已。

可以肯定的是，譚延闓的「祖庵菜」，對湘菜後來的發展，起了巨大的促進作用，從而得以列入中國名菜之林。或許官居極品的他，老早即成為歷史上的匆匆過客，但身為一個美食名家，譚延闓不僅令人難忘，還可能會永垂不朽。

．「畏公豆腐」典故與作法

畏公（祖庵）豆腐乃和魚翅並稱的名菜。其燒法有二：或將「豆腐先用吊好的黃豆芽湯先煮，等豆腐生滿了蜂窩眼，再用清雞湯燉，吃的時候再配料下鍋燒，……雞湯灌注馬蜂眼」；或把豆腐打碎成漿，竹籮篩濾，另取肥雞脯肉搗碎加入拌勻，然後按照蒸雞蛋糕的方式，上火蒸透，冷卻後，用刀切成骰牌大小，於鍋內以雞油略炸，接著取出用瓦缽加雞高湯蒸熟，臨上桌前，再用雞湯收汁上盤。姑不論是用哪一種作法，其結果必是入口腴潤，柔而不膩，鮮美無比。另，用祖庵或畏公命名的菜色，尚有魚生及筍泥等。

．「彭家豆腐」典故與作法

「彭家豆腐」極有意思。彭長貴有回因洽公而誤了用餐時間，為了果腹，遂在廚房找些剩餘食材，如豆腐、豆豉、大蒜、辣椒、肉末等，來個急就章爆炒，配著白飯吃。餐廳內的食客，聞香而至，要求比照，當晚竟賣了十來客，從此闖出名號，現多充作外敬的家常菜。

御廚巧烹姑姑筵

清同治十二年（一八七三年），中國近代史上第一名廚黃敬臨降臨人世，從此光耀西南，展開其璀璨傳奇的一生。

依「厚黑教主」李宗吾的說法：「敬臨的烹飪學，可稱家學淵源。他的祖父，由江西宦遊到川，精於治饌，為其子聘婦，非精烹飪者不合選。聞陳氏女在室，能製鹹菜三百餘種，乃聘之，這便是敬臨的母親，於是以黃陳兩家烹飪法冶為一爐。」黃敬臨有此特殊機緣，自幼即吃慣精心製作的美食，並且獲得媽媽的真傳，故無論入廚或品味，均能高人一等。

先世業儒的黃敬臨，曾考上秀才，後納資為員外郎，供職光祿寺三年。因受慈禧太后賞識，賞以四品頂戴，故有「御廚」之稱。這段期間，對他個人非常重要，不僅眼界大開，同時「以天廚之味，融合南北之味」，更為他日後的「集大成」，打下深厚的基礎。而他享大名後，曾於某年春節，自撰春聯榜於門云：「可憐六十年讀書，還是當廚子。做得廿二省味道，也要些功夫。」足見對自己的廚藝，他可是深具信心的。不過，能像他這樣取徑寬廣，融天下廚藝入一爐的，放眼當世，一時無兩。因而人們譽他為「當代之一奇人」，倒也不是溢美之詞。

民國成立後，他返回故里，先以知事（縣長）分發廣東，不久調回四川，先後擔任射洪、巫山兩縣知事。然而，其官運欠亨通，幹完三任縣長後，即在家待業，為維持生計，一度任教於省立成都女子師範，並分：熏、蒸、烘、爆、烤、醬、炸、滷、煎、糟十門，教授學生烹飪，由於生動有趣，頗受學生歡迎。後因一時技癢，便在成都的少城公園開設一間飯店，名為「晉齡飯店」。

正因晉齡與敬臨四川音同，他不欲以真名示人的心態非常明顯。畢竟，謀官不成而下海，其痛苦不難想像。黃氏亦曾賦詩以明此刻心跡，詩云：「挑蔥賣蒜亦人為，誤入歧途萬事非，從此棄官歸去也，但憑薄技顯餘輝。」

世事真難逆料，「晉齡」開業不久，黃敬臨獲補滎經知事，重溫宦涯故夢。飯店便由兒子黃平伯接管，無奈生意不如以往，便轉讓給別人經營。沒想到一年後，黃敬臨烏紗帽不保，再度失業。為了養家活口，只得與家人商議，打算重開飯店。他的妹妹譏笑乃兄非生意人，只能開「姑姑筵」（註：四川的娃兒，過去有辦「姑姑筵」的遊戲，很像我們早年玩的「辦家家酒」，它可分成真、假兩種，真辦，是幾個幼童事先約好，誰帶鍋盤碗筷，誰出油鹽米麵，按約定的時間，相偕至郊外撿柴架灶，點火燒水煮飯，然後再採些野菜淘洗煮好，大家一塊兒享用「姑姑筵」；假辦，則是備置相關炊廚玩具，幾個小孩分別扮主人、客人、廚師、招待等，模仿成人宴席，表演吃「姑姑筵」）。

黃敬臨聽罷，不啻醍醐灌頂，馬上拍手叫好，於是親自撰聯，這個以「學問不如人，才華不如人，只有煎菜熬湯，才能算一點真本事；親戚休笑我，朋友休笑我，安於操刀弄鏟，正是文人半生好下場」自況的「姑姑筵」餐館，就這麼在成都南門外的陝西街開辦起來了。

時值一九三〇年，黃敬臨一桌席至少索價三十銀圓，而特地為四川省主席備辦的一桌酒席，代價居然是一百銀圓（注：當時買一袋昂貴的洋麵，也不過兩塊半錢）。而他為了保證品質，起初承應四桌，後來至多兩桌。對於預訂筵席者，須三、四天前親臨，至於請客的是何等人物，他都會事先過濾，非其人（注：他認為不忠不義之人）則婉言拒絕。此外，他必親自擬妥菜單，親臨廚房嘗味把關，親手端菜上桌。同時，東道主在發請帖時，必須給他一張，至於是否參加，卻要悉聽他便。等到他入席後，即從烹飪文化藝術上入手，對賓主詳加評說今日所食菜肴，一般食客往往恭聽其言，任他大擺「龍門陣」而不敢違。知味者則謂聽其言，品其菜，可兼得口福、耳福。

而那時候，盤據四川的軍閥，個個無法無天，所徵收的田賦，竟收到民國七十年。而且稅目繁多，甚至有「草鞋捐」等，他實在看不慣如此胡作非為，便寫個對聯諷刺，其聯云：

「裹腳捐，草鞋捐，捐得我骨瘦如柴；粉蒸肉，回鍋肉，肉得你腦滿腸肥。」

性格磊落不羈的敬臨，除不齒那些擁兵自肥、驕奢無度的軍閥外，對於那些粗魯無文的暴發戶，心裡也頗不以為然。只是為了餬口，生意固然要做，酸話照樣開罵。據他外甥梅恕曾的回憶，他經常在客廳寫些對子糗人，讓人啼笑皆非。如：「右手拿菜刀，左手拿鍋鏟，急急忙忙幹起來，做出些魚翅海參，供給你們老爺太太；前頭烤柴灶，後頭烤炭爐，轟轟烈烈鬧一陣，落得點殘羹剩飯，養活我家大人娃娃。」

其字裡行間所透露的，正是落拓書生對世局充滿著無奈的思緒，聊寄筆墨遣悲懷。

由於「姑姑筵」位於人們出城看花會必經之路上的一所幽靜精巧的庭院裡，因而每逢成都開花會的期間（注：成都花會於每年二月十五日在距城約二里之「青羊宮」舉行，宮內有「三清殿」，祀李老君），他老兄都會寫些風趣的門聯應應景，湊個熱鬧。其最著者有以下兩聯：

「統領伙伕幾多名，攻打甑子城，月月還須說銅板；可憐老漢六十歲，揭開鍋蓋兒，天天都在聞油煙。」

「提起菜刀，拿起鍋鏟，自命鍋邊鎮守使；碗有佳肴，壺有美酒，休嫌路隔通惠門。」

有一年，敬臨又張門聯，寫得哀怨悽愴，聯云：

「嘆老夫無命做官，才租這大花園承包酒席；替買主下廚弄菜，好像是巧媳婦侍奉公婆。」

這下子未免說過了頭，成都怪傑劉師亮遊花會觀此聯後，一口氣寫了十二首竹枝詞贈黃敬臨，其中的一首為：「看會欣逢二月天，『姑姑筵』外貼雙聯。君休誤認姑姑美，名借姑姑好賣錢。」直接點破，詼諧輕鬆，果然高明。

言歸正傳，黃敬臨的菜結合宮廷風味與四川風味，能貴能賤，特重火候，其貴菜除燕窩、魚翅外，主要的有燒熊掌及茶燒鴨（即樟茶鴨子）等。又，他做菜不惜工本，以致色香味皆臻妙絕。比方說，別人的菜館可以「一雞三吃」，而他卻「三雞一做」。為萃取頂級高湯，必先將一隻雞以文火燉至極爛，取出後，再在原汁裡放第二隻燉，如此者三。而在品嘗時，前兩隻雞棄而不用，只吃第三隻雞。如此精心製作，當然醇厚鮮嫩，滋味深奧無窮。

其實，「化腐朽為神奇」，才是黃敬臨廚藝的極致。關於此點，畫馬名家徐悲鴻就指出：「將貴重原料製成美味不難，難在將平凡菜色做好。」而這即是他一再光顧「姑姑筵」的主因，沉浸其中，樂此不疲。

具體言之，黃敬臨最為人所豔稱的平凡名菜，分別是「燒牛頭方」、「豆渣烘豬頭」、「青筒魚」、「酸菜煮黃臘丁」、「酸菜魷魚」、「軟炸斑指」、「叉烤肉方」、「紅燒鯉魚肚」、「蝴蝶海參」、「油淋隨園魚」、「麻辣牛筋」、「香花雞絲」等。而這些被稱為「天下美味」的菜肴中，所用者均為賤價食材。像牛頭甚難烹調，一般人棄而不用，他則以適當的火候及醬料製成一道美味；豆渣本為製豆腐剩下來的渣滓，通常當成飼料或肥料，經他適度加工，爆香再與豬頭合烹，居然成為佳肴；「青筒魚」乃從少數民族用鮮嫩竹筒燒飯的方法移植演變而來；「酸菜煮黃臘丁」則學自川南船工的烹魚方法，再加以改進而成，當為其「轉益多師是我師」的經典作品。

其中，又以「軟炸斑指」尤值一提，此菜為徐悲鴻的最愛，每到必嘗。此菜的原料為豬大腸頭一部分，可選用者不多，加上不能賣高價，僅在酒席中偶爾配套出現。徐悲鴻既為老友，黃敬臨非但不拒，反而親自下廚，做好此菜奉客。為了表示謝意，徐則當場揮毫，贈以馬畫一張，黃則珍而重之。此用馬畫換佳肴的故事，一經好事者渲染，馬上轟動食林，傳為藝壇佳話，一直流傳至今。

黃家不僅敬臨一人擅長燒菜，其弟妹、妾侍、妯娌、子女中，能燒一手好菜的，不乏其人。其弟黃保臨，起先亦在成都的打金街開設一家「古女菜」餐館，古女乃拆開姑字而成，藉以分享「姑姑筵」盛名，店中的名菜中，以「雞豆花」、「炸鴨脯」、「雞腎湯」、「鳳尾拌雞」等，最膾炙人口。不久，「古女菜」遷至總督街營業，更名為「哥哥傳」，示其技藝為乃兄所傳，如假包換。日後他更以善燒「罈子肉」而名噪一時。

另，敬臨之子黃平伯留法習美術歸來（注：其時乃父已逝，飯店換人經營），為了傳承衣缽，亦選在陝西街開設「無醉不歸小酒家」，店名頗含詩意，走大眾化路線，菜皆精緻小品，店亦清雅宜人，引來無數墨客。其「蔥燒魚」、「紅燒舌掌」、「蒜泥肥腸」、「豆泥湯」、宮保雞丁等美味，令人耳目一新。徐悲鴻對其宮保雞丁尤為欣賞，讚之為四川菜的代表，色、香、味、型俱佳，且不會太辣，大家都可接受。

居官時有惠政（注：卸任時，巫山縣民曾送他一件寫滿名字的「萬氏衣」，以謝其德政），無奈官運不濟的黃敬臨，雖不是三考正途出身，卻寫得一手好小楷。他自四十八歲起，即矢志抄書，先手寫十三經一遍，接著補寫《新舊唐書合鈔》、李善注《文選》、相臺《禮記》、《坡門唱和集》各一遍，花去了二十年時光。當他打算再寫一部《資治通鑑》，以完成夙願時，「厚黑教主」李宗吾卻潑他冷水，指出：「鄙人所長者是厚黑學，故專講厚黑學；你所長者是庖師，不如把所寫《十三經》、《文選》與夫《資治通鑑》等等，一火而焚之，撰一部食譜，倒還是不朽的盛業。」

黃聞其言，頗以為然，「乃著手寫去」，完成《烹飪學》一書，李宗吾還為此書寫序。可惜並未付梓，成為食界一大憾事。其傳世弟子中，最為世所稱的，有羅國榮、陳海清及周海秋等，而被郭沫若譽為「西南第一把手」的羅國榮，尤得其神髓，並且發揚光大。

自命「油鍋邊鎮守使，加封煨燉將軍，這個好官銜」的黃敬臨，燒菜最講究火候，只准「人等菜」，不能「菜等人」，所以，主客必須準時上桌，凡遲到早退者，認為瞧他不起，列入拒絕往來戶。羅國榮亦認為：「烹菜如火中取寶，火候第一，不及則生，稍過則老，爭之於俄頃，失之於須臾，非言語所能傳其妙，非筆墨所能盡其奧，多實踐才能得心應手。」因此，他強調烹飪要立足於變，要刻意求新，不墨守成規，同時「要舉一反三，善於應用，只要是食物原料，都可以做成名菜上席」。

羅事廚四十年，收過眾多弟子。其中又以黃子雲和白懋洲最有成就。黃隨乃師於一九五四年調入北京飯店後，善於鑽研，敢於創新，不但繼承其傳統燒烤方面的特長，而且在爆炒方面用力尤深，已青出於藍。並從一九七九年起，先後到美國、法國、德國、日本及奧地利獻藝，贏得「烹飪特使」的封號，栽成弟子極眾，有三十幾名已晉身為特級廚師，全能獨當一面，成為食壇精英。

由此觀之，黃敬臨自宗枝別傳後，現已開花結果，影響至為深遠。是以成都的飲食界不落人後，早就已興起學習黃派菜的熱潮，有的食店甚至標榜自己才是「黃派菜正宗，姑姑筵傳人」哩！

事實上，台灣的萬千廚師中，既富創造力且行誼似黃敬臨般特立獨行，能獲童世璋（已故，台灣第一位撰寫食經的作家）推崇者，僅張北和一人。並在他所撰的〈廚師敬臨與張北和〉一文中，再三致意，寄望斯人。

張北和乃廣東人，本以燒「筋爛而肉不散」的牛肉麵知名，但他不願畫地自限，經不斷提升廚藝後，曾在多次全國烹飪比賽中獲職業組金廚獎，一舉成名天下知。

張氏確是個奇人，始終留個大鬍子，起先一身雪白衣褲，行頭終年不變，而今一襲長衫，更顯道貌仙姿。生平喜愛交接名士，故和高陽、唐魯孫、夏元瑜、張佛千等往來密切，相知相惜，時受薰陶啟發。「老蓋仙」夏元瑜曾稱其廚藝為「獨步全台」，他謙而弗受，卻對張佛千的贈聯：「金廚手藝勝京廚，將軍（注：其店名「將軍牛肉大王」）聞香先下馬」甚為看重，懸於店門兩側。由於身體因素，已少親操刀俎，但店中的牛肉麵、湯餃、東坡肉、牛小排、滷豆乾等，一直受到歡迎，堪稱廉價絕品。以往來到台中，如未大快朵頤，將有空入寶山之歎！

其親炙的美味，不僅響遍全台，而且名揚神州。像圍棋高手聶衛平甚愛其「精品牛肉麵」、「將軍戲鳳」和「五爪金龍」等。至於以發現「北京人」而播譽全球的考古耆宿賈蘭坡，則獨鍾其「無羶羊肉」，曾書「羊肉大王」大幅中堂相贈，每逢人即說項，一直讚不絕口。

我有幸與張北和交歡，迄今嘗過其名菜不下三十種，有的是得獎作品（如「頭頭是道」、「將軍戲鳳」、「五爪金龍」等），有的是別出心裁（如「蟲草牛鞭」、「誰最大」、「淫羊藿燉鰻」、「巴結天鼠」等），有的則是信手拈來（如「水鋪牛肉」、「海陸清供」、「鮑魚之肆」等），皆能得其真味，一再出人意表。而他與黃敬臨最契合之處，即在注重火候，以燉煨燜見長。

講究食療，開發藥膳，且在「春菜」方面獨領風騷，則是張北和的另一特色，是以作家李昂初嘗其春菜的傑作「百鳥朝鳳」時，不覺清嘯數聲，再三擊掌稱善。回到台北後，心情仍澎湃不已，撰文尊他為「食神」。

回想當年李宗吾要黃敬臨撰寫《烹飪學》一書時，曾明白指出：「有此絕藝，自己乃不甚重視，不以之公諸世而傳諸後，不亦大可惜乎？」等到黃敬臨有意提筆之際，心內不免躊躇，認為「茲事體大，苦無暇晷」，一直猶豫不決。還是李宗吾通情達理，鼓勵他說：「你又太拘了，何必一做就想做完善，我為你計，每日高興時，任寫一兩段，以隨筆體裁出之，積久成帙，有暇再把它分出門類；如不暇，既有底本，他日也有人替你整理。倘不及早寫出，將來老病侵尋，雖欲寫而力有不能，悔之何及！」敬臨於是發憤圖強，完成此一「教科書」，惜未刊行，造成憾事。

童世璋先生於二〇〇一年仙逝，他在臨終之際，仍引此段往事，甚盼張北和得空即寫下其食譜，好為中國的飲食文化增添光彩。至今我每與張氏閒聊，必詢其進度，深願早日問世，嘉惠後人，功在食林。而為了供張氏在撰書時參考，更贈以清人夏曾傳撰寫的《隨園食單補證》一書，他欣然接受後，表示一定完成，可惜齎志以歿，令我黯然神傷。

黃敬臨的偉大，首在開廚藝學術化之先河，不但使川菜展現京華氣勢，也使宮廷飲饌化為民食，兼容並蓄，有容乃大。而他一生最驚人的事業，不在官場，竟在廚房，這種結果，應是當初那位「政聲很好」的縣太爺所始料未及的吧！

•「燒熊掌」、「茶燒鴨」作法

前者須用文火燉上兩晝夜，且全用雞高湯，故極酥爛鮮美。後者必用填鴨，重至六、七斤，特別肥腴，經整治醃好入味後，晾乾三個時辰，隨即入沸水鍋燙至緊皮，放熏爐內，以香樟葉、茶葉等料熏烤，再經蒸、炸等工序製成。其特點為色澤紅褐，皮酥肉嫩，香氣濃郁，經切塊裝盤後，仍保持著鴨形，佳美自不待言。

近現代名廚大觀

已故的大美食家唐魯孫曾說：「早先在大陸不講究吃館子，而講究吃大師傅。所有名廚高手，一個個刀火超群，那些大師傅十之八九都是主人家富而好啖，窮年累月細心調教，才能卓爾不群的。……（他們）除了菜好吃之外，對於菜式的安排、濃淡甜鹹的調度、出菜先後的順序，何者宜小酌，何者宜大宴，那都是經過嚴格訓練的，率爾操觚，婢學夫人，就難免有『韭黃炒鱔絲』上酒席的笑話啦！」

此誠為知味識味之言。自清末迄今，在廚行中打滾的，多如過江之鯽，能列入名家的，已寥寥無幾，得稱方家的，更是屈指可數，且在此為這些高手中的高手立傳，略述其事蹟及其得意經典之作，庶幾讓後人取以為法。

首先要介紹的這兩位，均是活躍於清末民初食壇的風雲人物，前者為晉省名廚余雙盛，後者則是陝西大廚李芹溪。

余雙盛是山西文水人。恭親王奕訢主持總理各國事務衙門時，透過一家山西票莊的推薦，到衙門大廚房當廚師。也是機緣湊巧，一日，恭親王與劉坤一、李鴻章、張之洞等方面大員談事，由於夜幕四垂，便在小花廳留飯，由余雙盛親自掌杓。「飯後，幾位美食專家異口同聲，讚譽菜肴調配得宜，元脩九味，堪誇味壓江南」。果然過沒多久，他就領班擔綱，擔任掌廚工作。其手底下「紅白案子以及切摘剁洗刮下手，有數十位之多，全歸他指揮調度，無需再拿刀動鏟」。但刀火功高的他，「接納伺應手段，更是八面玲瓏，高人一等」。因此，「每逢總理衙門盛筵招待外賓，宴請勳舊貴藩，或是春卮禊飲，他必定躬親匕鬯，表演一番」。正因他廣結善緣，後來竟「納捐取得候補道二品銜戴花翎」。只要是總理衙門尚書、侍郎，府上有喜慶宴會，他亦翎頂煌煌，揖讓進退，與王公大臣時賢名流們平起平坐，堪稱古往今來，最風光體面的一代名廚。

等到慶親王奕劻主持外務部（注：原總理衙門），余雙盛的手藝之高及鋒頭之健，更上層樓，臻於頂峰。此時所燒的菜，已經隨心所欲，「並無一定格局，凡是各省各地的名菜，他一瞧就會做，什麼揚州『獅子頭』，羊城的『燒紫鮑』，刀工火候，都能亂真」，擅燒上方珍異。加上辛丑議和告成之後，慈禧從西安回鑾，為了敦睦邦交，特地在三貝子花園，大宴各國公使夫人，以及僑居在北京的東西洋名閨貴婦，出手闊綽，堂皇典麗。

這頓華貴雍容的宴席，全由余雙盛總綰，炙手可熱，無以復加。日後他還把三貝子花園的「豳風堂」包下來，承應全席小酌，冠蓋雲集，酒食徵逐，一時無兩。據說曹琨賄選當上總統，那些拿了錢的議員被冠上「豬仔議員」的名號。有一回，他們在「豳風堂」享用美酒佳肴時，還被譏誚成「豬積如山」哩！此乃後話，在此就不細述了。

李芹溪為陝西藍田人，原姓薛，名松山。襁褓中，生父病逝，母親改適李，遂易名李松山。他十三歲那年，向當廚師的舅父學廚，三年後，即可獨當一面，操辦普通筵席。但他不以此為足，為了提升烹飪技藝，先後在陝西、甘肅、北京等處，拜當地名廚為師，時間長達二十年，終成為一代大家。

庚子拳亂，慈禧西狩，避難西安。由於他廚藝高超，被徵入行宮事廚。所烹菜肴多款，屢受慈禧誇獎，並親書一幅「富貴平安」以為賞賜。此時，他在秦菜燉魚的技法上，所自創的「奶湯鍋子魚」，尤聲播遠近，不愧西陲首席名菜，日後更號稱「西秦第一美味」。

辛亥革命前夕，他參加同盟會，在武昌起義時，還曾率一批青年廚師奮勇殺進西安，被譽為「鐵腿鋼胳膊的火頭軍」。民國肇建後，國民政府委以渭北稅務局長，但他堅辭不受，只願開辦餐館，名「曲江春餐館」，並主理其廚務。等到于右任回陝西主持「靖國軍」，二人結為好友。精於吃的于右任覺其名不雅，為他取名芹溪，號泮林。

李芹溪不僅精曉陝、甘的菜點，且旁通豫、魯、京、川等地方風味菜肴的烹製，其最拿手者，乃湯菜與燕菜。非但善用雞架、鴨架、肉骨等葷料製湯，並雜用豆芽、大豆、黃花菜等素料，在綜合運用下，所吊之湯極棒，成為今日主流。所擅佳肴極多，除「奶湯鍋子魚」外，尚有「湯三元」、「湯四喜」、「清湯燕菜」、「溫拌腰絲」、「煨魷魚絲」、「汆雙脆」、「炸香椿魚」、「金錢釀髮菜」、「釀棗肉」及「葫蘆雞」等。育成弟子甚眾，出師者達二百餘位，其中，最負盛名者，為同鄉的曹秉鈞。

曹秉鈞烹飪知識豐富，技能全面，不光對乃師的名菜有所發揮，且對新創的美饌，如「枸杞燉銀耳」、「雞米海參」、「三皮絲」、「蓮菜餅」、「酸辣肚絲湯」等，亦有獨得之秘。其技藝特點有三：一是刀工技藝嫻熟；二是火候掌握適當；三是調味恰到好處。有人譽其所燒的「酸辣肚絲湯」，為調味一絕。其調教出的好徒弟上百人，像秦崇九、周友堂、翟耀民等，皆是陝西名廚，維繫秦菜風格不墜。

川菜的翹楚，出自成都的「正興園」，主其廚務者，為貴寶書。貴氏收得兩個好徒弟，得以昌大其門。此二人為藍光鑒與周映南，他們都是成都人，且自幼即開始學廚。

藍光鑒滿師後，一直留在「正興園」事廚。民國元年，「正興園」歇業，他便與戚樂齋創辦「榮樂園」，並主持廚務。其一生事廚，超過一甲子，取經極廣，貫通中外。能博採宮廷、官府、寺院、民間甚至國外的烹調技藝，融會於川菜烹飪之中，遂被四川烹飪界公認為川味正宗。其最大貢獻在於訂定近代川菜的筵席格局。原來的川菜筵席講究瓜手碟、四冷碟、四熱碟、四對鑲到堂點、席點、糖碗、八大菜等，內容複雜繁瑣，多半華而不實，流於目食耳餐。一經藍光鑒改良設計後，只剩下冷盤、大菜、席點（或小吃）、水果等內容，既可表現烹飪文化藝術，又能反映烹飪技藝水平，正因實際活用，深受人們歡迎。培育的弟子中，孔道生、朱維新、周海秋、曾國華等，亦成一代川菜名師。

周映南為藍光鑒的師弟，後應藍光鑒之請，到「榮樂園」事廚。曾於一九五四年至一九五五年，隨總理周恩來率領的中國代表團，赴日內瓦和萬隆等地獻藝，所至有聲。

精通川菜紅白兩案，旁通西菜西點的周映南，其長處在於同時吸收南北各幫菜之長，融於川菜的製作之中，昌大川菜內涵，對近代川菜的發展，作出一定的貢獻。而製作國宴菜肴和高檔筵席，尤為其強項，所燒製的「紅燒熊掌」、「乾燒魚翅」、「蔥燒鹿筋」、「酸辣海參」、「清湯鴿蛋燕菜」等，至今仍膾炙人口，與師兄藍光鑒，並為川菜的一代宗師。

藍光鑒的眾弟子中，孔道生及朱維新尤其出色，曾多次與師父、師叔周映南一起烹製滿漢全席，蜚聲國際。他們全精通川菜紅白兩案的技藝與各式的麵點、小吃，只是孔道生尤精川菜素席，其仿葷素菜，可以假亂真。其中，他所創製的「八寶鍋珍」、「豆沙鴨方」、「蟹黃銀杏」、「波絲油糕」、「子麵油花」、「白蜂糕」等，全成為後來者必學之品。至於朱維新則擅長燒烤，所製作的「烤乳豬」、「烤酥方」、「烤雞」、「烤魚」等，均有獨到之處。另，其「紅燒熊掌」、「紅燒鹿沖（即鞭）」、「清湯燕窩」、「八寶瓤藕」、「水晶涼糕」、「玫瑰發糕」、「椒鹽油花」等，亦以不落俗套，有名於時。

成都的川菜，固然取得正宗的地位，重慶的川菜，亦有不可磨滅的成就，其中的廚行高手，首推廖青亭。

廖為四川省重慶市巴縣人，十三歲即至重慶「適中樓餐館」，向杜小恬學廚，出師後，與他人合夥創辦「小洞天餐館」，並擔任主廚。後來他應聘到上海「麗都花園」、「經濟飯店」主持廚務。還一度應陳天來之邀，在台北的「蓬萊閣酒家」行廚，開台灣主理川菜之先河。中華人民共和國成立後，則先後事廚於重慶「蜀味餐廳」、「民族廚餐廳」等多處。

烹飪技藝全面的廖青亭，其最難能可貴之處，乃善於補救烹飪過程中的失誤。譬如海參中的烏狗參、梅花參、虎皮參等，在脹發的過程中，要是沒處理好，熟後會覺麻口，經他一再試驗，以米泔水浸泡，絕無麻口之弊。另，「烤乳豬」時，豬皮破損，有礙觀瞻，他則用蛋清和土豆（即馬鈴薯）粉調勻，抹在傷處再烤，隨即復皮如初。此外，他還創製了「醋雞」、「半湯魚」等多種川味菜式，豐富川菜品種，現仍廣為流傳。

伍鈺盛是現代川菜史中不可或缺的一號人物。他出生於四川遂寧，十四歲即到成都的

「天順源飯館」向田永清、甄樹林學藝，出師後到重慶「白玫瑰酒家」事廚。抗戰軍興，相繼在當時重慶的軍政要員家司廚；抗戰勝利後，先赴上海「玉園餐廳」掌灶兩年，後隨上海火業公司經理李祖永去香港，任其家廚。一九五〇年自香港返北京，先在東安市場籌辦「四川食堂」，後經中共國家主席章瀾試菜，同意他在西長安街創建專營川菜的「峨嵋酒家」，履歷豐富，見多識廣。其在實際操作中和教學上，均力主「正確繼承不等於墨守成規，改進創新不能亂本」，現已成為其傳人，以及後學者所遵守並篤信的至理名言。

伍氏擅長川菜，尤以善製湯，巧用湯見長。他所燒製的傳統名菜如「燒牛方」、「豆渣豬頭」，贏得多國同行的讚譽，又，他拿手的「豆瓣大蝦」、「玉蘑雲腿」、「乾燒魚翅」、「水煮牛肉」、「乾煸牛肉絲」、「開水白菜」等，均在傳承中有創新，故能「平中出奇」，使俗菜不落俗格，既保持住傳統菜的風味之本，還有錦上添花之妙，允稱食林一絕。

經伍鈺盛在二十世紀五〇年代改進的「宮保雞丁」，確為古菜「變臉」的一大突破。雞丁切「梭子塊」，既使其「受熱面勻、進味面廣」，再添上花生米為配料，俾形色相得益彰。難怪食家習仲勛嘗罷，逕譽此為「狀元菜」，我們現在所吃到的川味「宮保雞丁」，即承襲自其創意。

另，伍鈺盛極力弘揚「廚德」，他不論在向高、中、低級班授烹飪課時，豈僅「掰手教技術」而已？一再強調「言教身教傳廚德」，才是其功在食林的一大壯舉。

比較起來，何其坤的川菜可謂別出心裁。他雖是四川富順人，但十四歲即在上海「美麗川菜館」學廚，七年後出師，始終在上海各大四川菜館，擔任主廚工作。

何其坤治饌，擅長小炒烹調，文火細燒，重用鮮湯。他用乾燒技法所製作的魚翅、海參等菜，光亮爽滑，鮮而入味，腥氣全無，號稱一絕，足見功力。

早在二十世紀三〇年代末期，他鑒於當時上海各川菜館，皆經營正宗川菜，口味偏於麻辣，食者不敢領教，以致生意清淡，為了迎合上海人的味蕾，他與徐志林便在川菜的基礎上，加以改進變化，創製一批名菜，以微辣、輕麻、酸、甜、鹹鮮為主軸，既有川菜特色，又合滬人口味，很快火紅起來，號稱「海派川菜」。此舉是否合宜？迄今見仁見智。不過，何氏勇於創新，另出機杼，確有過人之處。

中國的西南以川菜為主軸，東北則以魯菜稱尊。其正統有兩支，一為膠東福山，另一為省會濟南。

福山是個「烹飪之鄉」、「廚師之鄉」。從明清一直到民國二十年代前後，北京、天津一帶的各大飯館，幾乎都是「福山幫」的天下，像北京「八大樓」之首的「東興樓」、「八大居」中的「同和居」及「豐澤園」、「致美齋」、「福全館」、「惠爾康」等，天津的「登瀛樓」、「致美樓」、「全聚福」、「中興樓」等，「廚房裡的大師傅，更是一片膠東口音」，其盛況可謂空前。出身福山的大師傅，固然比比皆是，但最為人稱道的乃朱維萃。

朱維萃生於民國前一年，十四歲離鄉背井，到北京「鴻慶樓飯莊」拜張潼軒為師。滿師後，先後在天津、哈爾濱、上海、雲南等地主廚，故其菜色中，常加入雲南盛產的雞，實為魯菜及滇菜注入活血，別開生面。

擅長海味烹製及製作抻（即拉）麵的朱維萃，其「蔥燒雞蹤海參」及「扒黃燜翅」二道，允推海內獨步。前者在製作時，海參視料改刀、務求大小一致，先用高湯入味，俟其完全上味，撈出瀝乾，接著過油，待蔥段煸至黃色，隨即倒入海參、雞，淋上蔥油即成。成品類「油爆肚」，以鮮嫩香甜、醇厚清爽著稱。後者妙在翻鍋，待魚翅燒好時，右手持鍋柄，左手持盤子，鍋往上一甩，魚翅躍老高，並順勢翻出，用盤子接盛，手法乾淨俐落，翅入盤中不亂，齊整井然有序，鍋內不見芡汁，像煞特技表演。

十五歲時，就到青島隨莊樹琛、潘少良、徐世敬等名廚，學習魯菜及江浙菜製作的王益三，練就一身硬功夫，烹飪技藝極嫺熟。其特點為翻勺瀟灑自如，調味十分精準，用火恰到好處，刀工細膩利爽。其所創製的「炸雞椒」、「珍珠海」、「梅雪爭春」、「麒麟送子」、「龍鳳絲托」、「繡球金魚」、「鳳凰魚翅」、「茄汁百花雞排」等多款菜點，均在廚界廣為流行，引領風騷至今。

而出生於濟南市的梁繼祥及孔憲垣，亦為烹製魯菜的傑出人物。梁繼祥十五歲即至濟南「魁元樓餐館」學廚，技藝全面，專精魯菜，不拘濟南菜或膠東菜，皆能得心應手。其所製菜肴，均以醇厚的清湯、奶湯調味，以原汁原味、清鮮脆嫩而名揚食壇。例如他所創製的「荷花魚翅」一菜，即以魚翅、雞茸、火腿和口蘑等為食材，再加各種調料，經過蒸釀手續，製成翠綠色的蓮蓬和粉紅色的蓮瓣，然後澆淋特調的清湯，使其色相美、湯清而味鮮，現已被列為魯菜八珍之一，其他的名菜，尚有「清湯燕菜」、「奶湯魚翅」、「紫衣鮑魚」、「奶湯雞脯」、「糟煎魚片」、「醉腰絲」、「黃蔥扒魚唇」、「釀壽星鴨子」、「汆黃管脊髓」、「糟牡丹魚」等，此外，他創製的冷盤，亦以構思精巧、造型生動逼真取勝。像拼八寶一菜，便用肉鬆、火腿、茭白、蒲菜、冬筍等十六種食材拼擺成葫蘆、秋葉、蝙蝠、白鶴、花籃、荷花、扇面、如意等圖形，臨吃之際，再分別澆上熗汁、糖醋汁和醬醋汁等，口感多元，食味多樣，應是千古名菜「輞川小樣」的現代版。

孔憲垣不僅家學淵源，且有幸經名廚呂金聲指點，遂成一方之良。他最精通者為濟南菜本身的製作，故在實踐過程中，翻新傳統菜，並博採眾長，具自家面目。其名菜有「一品燕菜」、「雞揑猴頭」、「清燉元魚」、「七星螃蟹」、「釀荷包鯽魚」、「扒通天魚翅」及「塌雞簽」等，全有名於時，又，他於實際操作外，尚注重總結烹調經驗，研究整席格局。目前他所研發出的燕菜席、魚翅席、海參席等，已成魯菜的典型菜式。不光盛行於二十世紀三〇年代至四〇年代間，且迄今仍為北方餐館所遵循。

孔府菜為正統魯菜的偏鋒，巍然特出，自成一家。累世名廚甚多，其筵席之精之富，當為有清第一，乃中國官府菜之代表。而列此「天下第一家」菜色之殿者，為葛守田。

葛守田曾任孔府內廚領班，精通其家常菜和筵席菜肴。一九三六年，孔子第七十七代孫孔德成婚宴時，即由他總其事。其過人之處，在於年高八十餘歲時，尚能親操刀俎，烹製整桌筵席，爐火純青，海內第一。

葛守田除了善烹孔府名菜如「神仙鴨子」、「御帶蝦仁」、「燒安南子」、「一品豆腐」、「烤花籃鱖魚」、「一卵孵雙鳳」等外，亦擅孔府筵席，諸如燕翅席、海參席、四大件席等，信手拈來，率多妙品，其操作嚴謹及精益求精，足以笑傲食林。

自康熙、乾隆屢下江南，造成揚州空前繁榮，蘇菜遂自成體系，名庖輩出。在此先為諸君介紹可與北京「譚家菜」分庭抗禮的「莫家菜」，人稱「北譚南莫」。

南莫即莫氏父子，均為揚州人。父名莫德峻，長子名莫有賡，次子名莫有財，稚子名莫有源。莫德峻自幼精研飲饌，尤精淮揚菜，二十世紀三〇年代時，應揚州銀行公會之聘，掌勺一段時日。所創製的「花生牛肉湯」，以湯濃肉嫩著稱。上海榮氏家族慕其名，重金挖角。德峻遂成其家庖，製饌極精，聞名滬上。在他精心培養下，三兄弟皆身手不凡，一九五〇年時，莫有賡與其兩位弟弟合作，開設「莫有財廚房」（即今「揚州飯店」），由於精益求精，進而一枝獨秀。

莫有賡除向父親學廚外，又拜吳松三為師，不僅擅長製作揚州風味名菜，並以此為基礎，汲取上海、廣東、北京等風味菜的精髓，巧為運用，有所創新。其擔任「莫有財廚房」主廚這段期間，與弟弟們集思廣益，推出一連串歷史名菜及新創佳肴，打響「莫家菜」這塊金字招牌。此一時期燒菜的特點為選菜考究，製作精細，口味上以清鮮為主，講究鹹甜適中。所烹製的肉肴，特重慢火，呈現原汁鮮湯。他精心製作的「雞火乾絲」、「肴肉」、「蟹粉獅子頭」、「蜜汁火方」、「熗虎尾」、「三套鴨」等菜，鮮醇濃郁，特色鮮明。譬如「雞火乾絲」切得其細如髮，潔白勝雪，軟而且綿，再用雞湯和肉骨湯燴煮，十分適口，既可充膳，亦為美點；「蜜汁火方」用上好火腿、白糖與雞湯，經慢火煨透始成，鹵汁清亮，香氣濃郁，火腿酥爛，鮮甜可口，曾風靡一時。

然而他們並不以此自滿，七〇年代起，又推出「松仁魚米」、「三色魚絲」、「水晶蝦仁」等五十餘種創新菜。其中，又以「松仁魚米」最負盛名，非但播譽兩岸三地，競相仿效，或以此推陳出新者，不乏其人，可謂引領風騷。

年高九十三、十餘年前仙逝的胡長齡，人稱「金陵食神」或「廚王」，為南京市人。他十四歲開始學廚，滿師後，相繼在南京「金陵春」、「老萬全酒家」、「雙葉菜館」、

「狀元樓菜館」事廚。他不以文盲自限，工餘時間勤學，不僅廚藝精進，同時博覽群籍，能開飲食專欄，曾手抄《隨園食單》及《白門食譜》，深究精研，終成大器。另，其所撰的《金陵美肴經》、《南京菜譜》等書，誠為「京蘇大菜」的經典鉅著。

胡長齡的烹飪技藝全面，紅白兩案均優，最擅烹製南京的地方風味菜，以口味淡而不薄、濃而不膩、辣而不烈、脆而不生、滑嫩爽脆不失其味，酥爛脫骨不失其形的風格見長。所烹製的「香炸雲霧」，芳香撲鼻，食味奇佳，已與「龍井蝦仁」齊名，實為茶餐增色。又，其創製的「清燉雞孚」、「荷葉白嫩雞」、「芙容蝦仁」、「松子熏肉」、「扁大枯酥」等，原料取材廣泛，滋味無窮無盡、成菜精巧美觀、營養均勻多樣，在在引人入勝。難怪日本第一任駐中大使小川平西郎夫婦，嘗其烹製的佳肴後，喜不自勝，嘖嘖稱奇。

一生致力飲食研究的胡長齡，晚年更用哲學中的辯證法來提升燒菜。認為「砧板和刀，就是對立的統一」，故兩者相互撞擊時，更需掌握節奏、速度、力度、輕重緩急的竅門。臨終前並謂：「我做菜求的是不斷創新，學生們千萬不能只學其形，而忘其意。我死後，不要礙於我的名聲而不敢改變。比如扁大枯酥（注：以豬肋、荸薺及菊花等一同燒製）這道菜，其油膩顯然與現代人的口味不符，但完全可以在保留原有風格的基礎上做改變。」循循善誘，只求提升，追求完美，不愧廚王。

揚州籍的丁萬谷，亦是蘇菜大師。他於十六歲時，即向揚州市「金魁園」的名廚孫黃毛、許明祿學藝。二十世紀三、四〇年代，先後創辦「天鳳園菜館」及「揚社菜館」。五〇年代後，相繼任「揚州飯店」、「冶春園」及「菜根香飯店」的主廚，創新傳承兼具，是以揚名江左。

丁萬谷率先將富於變化、一菜一格、講究精細且配合時令的官府菜，與市肆菜結合，提高菜肴的品味、格調和檔次，其所製作的「醋鰣魚」，火候刀工一流，成菜帶有濃郁果醬風味，已與「烤方」成為揚州菜中的雙絕。他亦能以低檔食材，替代高檔食材，製出以假亂真的「假鯽魚」、「假熊掌」、「假燕窩」等佳肴，食者難辨風味。此外，一些尋常的花、草、葉、芽、根等，一到他的手裡，居然「麻雀變鳳凰」，皆可成為道道珍饈，其能立足食壇，確有獨到之處。

出身廚師世家的朱殿榮，乃淮揚菜偏鋒中的佼佼者。他十四歲時，即在北京淮揚風味飯莊「玉華臺」，拜名廚馬玉林為師，練就一身真功夫，能烹大菜及操辦筵席，成為二十世紀五〇年代，北京的四大名廚之一。其在「北京飯店」任總廚師長期間，曾組織並主理過「開國大典盛宴」等大型國宴。

朱氏最擅長以大鍋燒菜，即使是數百人參加的宴會，他亦可用一只大鍋一次燒出一菜，以下料果斷，口味極準而名噪食林。其名菜如「燒四寶」、「紅燒獅子頭」及「全家福」等，皆有濃郁的淮揚風味，深受賓客喜愛。

清末以來，粵菜與川菜、魯菜、蘇菜並稱中國四大名菜，其精通割烹之道，雖說自古即然，但「食在廣州」年代，卻因廚林高手各擅勝場，得以一時稱盛，留下令譽迄今。

當時廣州的四大酒家，分別為「西園」、「南園」、「文園」及「大三元」，主廚政者，皆非泛泛，各有絕活。像西園的主廚為「八卦田」，其拿手菜為「鼎湖上素」，以料繁味醇而名揚嶺南。南園主廚政者為邱生，所燒製的「紅燒大網鮑片」，不論在選料、刀章或推（芡）上，皆高人一等，其妙處在食完鮑片，碟上不留一些汁；另，他的「鴨汁炒飯」，亦惹人垂涎。主理文園廚政者為「妥當全」，既有此渾號，足見其做事認真負責。所創製的「江南百花雞」，已成粵菜一絕。繼之而掌勺者為鍾林，「炒鱸魚球」為其家傳絕活。至於司大三元廚政的，乃博得「翅王」尊號的吳鑾（綽號鬍鬚鑾），他所燒製的六十元「紅燒大群翅」，鼎鼎有名，號稱第一。

而將粵菜攀升到登峰造極者，為綽號「桂魚仔」的黎和，他雖出身廚林世家（注：其伯父黎錦，為清末民初迄「食在廣州」年代前後，外燴必乘四人伕轎的名廚），但十二歲即在「生記館」當學徒，刻苦學習，藝高膽大。年方二十一，便嶄露頭角，先後在「大三元」、「陸羽居」、「南園」、「北園」、「大同」等酒家事廚，由於經驗豐富、知識面廣，既博採眾家之長，又善於主理廚政，指揮高級大型筵席從容齊備，因而被譽為廣東烹界大方家。

黎和烹飪技藝精湛全面，功底深厚，辨貨能力超強，對各種食材的名稱、產地、特點、貨色如數家珍，且對粵菜的「料頭」組合，和其味形結構，均有獨到見解。尤難能可貴者，一為能烹製上千種不同款式的菜肴，運用自如，恰到好處；二為擅燒鮑、翅、參、肚，及山珍野味類的頂級筵席，已臻色、香、味、形、器俱佳的最高境界。又，其創新的菜肴近三百款，像「西汁焗乳鴿」、「嶺南一品窩」、「西湖菊花魚」、「冬瓜陳皮雞」、「糖醋松子魚」、「滿罈香」、「花雕雞」等皆被同行公認為不可多得的傑作，影響兩廣、港、澳迄今。

陳勝生於廣東省新會縣。十一歲到上海學廚，二十世紀四〇年代北上，為北京四大名廚之一，多次擔任大型國宴的主廚，擅長以蛇、狗、貓、魚、鴨等食材烹製全席，像「全狗宴」、「全貓宴」、「全魚宴」等，已成經典教材，影響十分深遠。其代表菜有「紅旗飄飄」、「龍虎鳳大會」、「上游大鱖魚」、「雀肉海棠蕉」和「瓜皮扒大鴨」等，設想出奇，扣人心弦。加上他熱愛烹飪，傳徒不遺餘力，堪為食林表率。

郭呂明為廣東省潮安縣人。十二歲向父親學廚。藝成之後，曾在潮安、汕頭、韶關等地的餐館主廚，以成菜粗獷奔放、造型自然、味道準確見長，所傳承的名菜，有「檸汁煎雞脯」、「東江鹽焗雞」、「椰子水晶雞」、「豹貍燴三蛇」、「大良炒鮮奶」等，他為使粵菜登入國宴的大雅之堂，虛心學習各地風味，促進粵菜的改革及創新。故他所創製的「臘味焗雞球」、「西汁脆皮魚柳」、「三圓沙菜鴨」、「珊瑚廣肚」、「薑汁蟹」等菜肴，既可保持粵菜取料廣泛，新穎奇異、鮮嫩爽滑的風味，又帶有京菜精美的格調、蘇菜調味的風格，及魯菜用湯的特色。現多款已成為國宴上的保留菜，經常爭光露臉。他如鄧蘇、蕭良初等，亦是粵菜中的高手能人。

與廣東並稱兩廣的廣西，由於地理位置相近，菜肴風味亦相類，可以相提並論。其名廚有三，分別是周端復、蘇森與劉耀。

周端復為廣西省貴縣人。十三歲開始學廚，曾創辦「萬國酒家」，並主理其廚務，尤致力於紅案。其燒菜以善烹山珍野味而為食林所重。傳統名菜如「紅扒山瑞裙」、「蛤蚧燉豹貍」、「龍虎鳳大會」、「紅扣果子貍」等，深得個中三味，詮釋異常精準。其創製的「羨雅掛爐雞」、「金錢雞夾」、「魷魚鴨札」、「雪山燉山甲」等各具特色，膾炙人口。又，他研發出的「老友麵」，現已是南寧的特色風味小吃，嗜食者眾。

蘇森為廣東省增城縣人。曾先後在香港、南京等地的粵菜館事廚。二十世紀六〇年代起，開始定居桂林。其烹飪首重掌握火候，能根據時令變化及土產野味，燒出不同菜品，具有明顯的季節性，以及濃厚的地域氣息。拿手菜有「霸王香酥鴨」、「金錢香酥盒」、「串燒金錢雞」和「脆皮雞」等多種。

劉耀的出生地為廣東省番禺縣。十六歲時，赴廣西梧州市「安樂也飯店」習廚，由於勤奮好學，及壯，聲譽鵲起，曾先後在梧州「大東」及「大南」二酒家任廚師長。精通熏、煮、扒、燴、燒、炸、炒等技法的劉耀，以動作快、調味佳、火候準及做工細著稱。除擅長燒「什錦海參羹」、「紅燜海參」、「紅燒鮑脯」、「蠔油煎雞」等菜色外，悉心鑽研改造傳統菜「紙包雞」，使其在刀工、調味、用料、火候等方面，整個提升，色澤明亮，香氣濃郁，形神兩優。

湘菜的大廚為舒桂卿，他是湖南省長沙縣人。十三歲時到長沙市「挹爽樓酒家」，向胡輝元學廚，師滿後，遊走四方，故能於湘菜之外，旁及川、粵、蘇、浙等地的肴點。所製作的雞肴菜，堪稱一絕。殺雞之後，不經汆燙，即以雞脯切茸，故成品色白如雪、嫩似豆腐。其名菜有「雞茸海參」、「雞茸魚肚」、「魷魚山倒」、「叉燒鴨」、「懷胎雞」等。此外，他亦精通筵席點心，像「鵝掌酥」、「如意酥」、「羅漢酥」、「馬蹄酥」、「燈草卷」等，皆小巧玲瓏，味美可口。其用海鮮為餡的各式點心，更以形態美觀、鬆軟鮮嫩、風味獨特而著譽食界。

事廚近半世紀的黔菜大師為熊云巨，出生地為貴州省貴陽市。他不但精通傳統黔菜，且對四大菜系下過苦功，故能博採眾長，發揚、創新並開拓黔菜，其畢生精力，皆致力於此，遂被公認為黔菜承上啟下的傳人，其嘔心瀝血的著作，為《黔味薈萃》，共搜羅整理出新舊黔菜，達二百餘品。

熊云巨技藝精湛，於火候、刀工外，注重菜肴的色、香、味、形，且特重於味。他授徒時常說：「要講回味，回味四口有幾香？講個辣字，黔菜講究辣香，不是猛辣。」其所製作的傳統名菜「宮保雞」，特點為「紅而不辣，辣而不猛，甜辣適宜，鮮嫩可口」。而所創製的「軟犇魚」則外酥內嫩，上汁不見汁，甜酸麻俱全。另，其招牌的肴點尚有「清蒸魚」、「八寶娃娃魚」、「糟辣脆皮魚」、「一品海參」、「繡球魚翅」、「雞樅魷魚」、「金錢肉」、「破酥包」、「三鮮包」、「太師麵」、「腦水卷」及「荷花酥」等。

而今在神州大陸走紅的兩大菜系，分別是浙菜及遼菜，它們之所以能異軍突起，除了能迎合現代人的口味外，最重要的是名廚奠根基於先，後起之秀推波助瀾於後。

浙菜的大廚，為佘迎祥及蔣水根。前者出生於寧波市，活躍於上海等地，以擅燒「寧幫菜」揚名；後者誕生於杭州市，以製作「杭幫菜」及「仿宋菜」知名。

佘迎祥烹飪技藝高超，從冷拼、切配、乾貨脹發到臨灶烹調等，無一不精，尤善製各色寧波風味菜肴。光是黃魚這樣食材，就能燒製「雪菜大湯黃魚」、「菊花黃魚」、「桂花黃魚」等數十種佳肴。所創製的特別「黃魚羹」，以蝦仁、黃魚、海參、雞高湯、香菇等食材燒成，料繁而鮮，品高且雋，深受食家好評，已成上海名菜。他又用帶魚及山藥等尋常食材，巧手烹成一道道筵席佳肴，擴大並豐富「寧幫菜」的內涵。

出身廚師世家，上溯五代為廚的蔣水根，年甫十四歲，即拜杭州「聚豐園」的名廚霍繼昌為師，習得上乘手藝，終其一生，繼承杭幫菜的傳統特色並敢於創新。他所製作的「西湖醋魚」，特重火候，使魚肉不老不嫩，味賽蟹肉，成菜酸甜鹹鮮合一，無不恰到好處，故有「當代宋嫂」之譽。又，經他改進的「八寶豆腐」，風味直追康熙朝御膳，以色白如玉、潤滑似脂、鮮美無比，而為食家所津津樂道。此外，他研製的「仿宋菜」如「武林爊鴨」、「蓮花雞簽」等，別出心裁，頗獲好評。

遼菜大師為王甫亭。他在五十餘年的烹飪生涯中，虛心好學，潛心鑽研，勇於創新，能從川、魯、粵、蘇四大菜系中，另鑄新意，開山作祖，創造並建立遼菜體系。至於所創製的「豆腐宴」、「扒三白」、「奶油扒白菜」、「雞茸菜心」等，無不精絕，因而贏得「扒菜大師」的封號。他一生共培訓了二千多名廚師，其中，王清林、王久章、劉敬賢等，已晉升為特一級廚師。其鋒頭最健者，首推劉敬賢，曾在一九八三年中國第一屆烹飪名師技術表演鑒定會上，獲「全」國最佳廚師稱號。二〇〇一年八月，還應邀率領遼寧省烹飪協會，參加在台北舉行的「中華美食展」，示範並展出「鹿鳴宴」及「東北風味菜肴麵點」，引起廣大回響。

另，素菜在中國肴點史上，始終占有一席之地。而上海「功德林」的素席，一向眾口交譽，盛名至今不衰。曾在此主廚政達三十年之久的姚志行，堪稱此中翹楚。

姚志行為浙江省慈溪縣人。十五歲進上海「慈林素菜館」當學徒，半年後，轉往「功德林蔬食處」，拜唐庸慶為師，習得驚人藝業。他嫻於製作以豆腐、粉皮、麵筋、烤麩、素雞為食材的菜肴，且能兼容並蓄，巧妙地將各地風味菜肴的特色，運用到素菜之中，擴展素菜領域，道道幾可亂真，博得「素菜第一把手」的美稱。他創製的素炒蟹粉用土豆、紅蘿蔔、香菇條分別替代蟹肉、蟹黃、蟹爪，再拌以薑末製成，姑不說其形態逼真，其吃口細膩而鮮，更顯出他卓犖不凡的本事。而且他用綠豆粉製成的魚丸，雪白鮮嫩，滋味極佳，直追真品。他如「走油肉」、「炒素鱔糊」、「糖醋排骨」、「醋溜黃魚」等，無一不佳。除此之外，他還以西法入素饌，像「奶油蘆筍」、「吉利板魚」等，維妙維肖，佳評泉湧。

又，專精白案的妙手中，以籍隸河北的李德才雄霸一方。他在十六歲時，即到北京「聚源館」隨鄒本玉、安德絲學廚，久經摸索，自成一家，專精麵點製作，師法「中學為體，西學為用」，故將點心之妙，發揮得淋漓盡致。比方說，他製作的各種酥皮點心，皮薄如紙，層次清晰，酥散蓬鬆，口感醰香。其最著者，乃栩栩如生的「鴨子酥」及精巧逼真的「荷花酥」，均可為筵席畫下完美句點，令人餘味不盡。

他如李德才抻（即拉）的「龍鬚麵」（注：拉麵時，每對摺一次稱一「扣」，麵條越抻越細。一般而言，拉六到七扣，即是所謂拉麵。八扣為做盤絲餅用的「一窩絲」；九扣以上則是「龍鬚麵」，考究的要十一扣才算數），號稱一絕。一塊麵團在手中一抻一抖，幾經飛舞，手法俐落至極。其「龍鬚麵」須十三扣始完成，宛若細絲，綿延不斷，且條條粗細均勻。油炸過後，置盤正中，色澤金黃，酥脆香甜。這等高明手法，豈是日本那些所謂的「拉麵冠軍」，所能望其項背的。

長江後浪推前浪，一代新人替舊人。這些在近、現代史上領風騷的大廚們，絕大多數墓木已拱。然而，他們高超的技藝、高尚的理想與高明的菜色，卻永植在人們心中，勢必永垂不朽。深盼後起之秀們，能本此奮進，弘揚其法，昌大其門，不但能繼往開來，且可為中國菜另闢新局，再建超凡入聖的偉業。

•「香酥鴨」典故與作法

何其坤新製的「香酥鴨」，用鹽、花椒及香料略醃，於蒸熟後，再入鍋炸製即成，具有香味濃郁、外脆裡嫩的特點，風行大江南北。雖不似范俊康所燒製者，譽滿食林，但其滋味之棒，亦食林中的佼佼者。

文學叢書 503

典藏食家

作　　者　朱振藩
總 編 輯　初安民
責任編輯　宋敏菁
美術編輯　黃昶憲
校　　對　吳美滿　朱振藩　宋敏菁

發 行 人　張書銘
出　　版　INK印刻文學生活雜誌出版有限公司
新北市中和區建一路249號8樓
電話：02-22281626
傳眞：02-22281598
e-mail : ink.book@msa.hinet.net
網　　址　舒讀網http : //www.sudu.cc

法律顧問　巨鼎博達法律事務所
施竣中律師
總 代 理　成陽出版股份有限公司
電話：03-3589000（代表號）
傳眞：03-3556521
郵政劃撥　19000691　成陽出版股份有限公司
印　　刷　海王印刷事業股份有限公司

港澳總經銷　泛華發行代理有限公司
地　　址　香港新界將軍澳工業邨駿昌街7號2樓
電　　話　852-27982220
傳　　眞　852-27965471
網　　址　www.gccd.com.hk

出版日期　2016年 9 月　初版
ISBN　978-986-387-122-4
定價　320元

國家圖書館出版品預行編目資料

典藏食家／朱振藩著：－－初版，
－－新北市中和區：INK印刻文學，2016. 09
面；14.8 × 21公分. --（文學叢書；503）
ISBN 978-986-387-122-4（平裝）
1.飲食 2.文集
427.07　　105015745